カラスの早起き、スズメの寝坊

文化鳥類学のおもしろさ

柴田敏隆

新潮選書

カラスの早起き、スズメの寝坊——文化鳥類学のおもしろさ＊目次

カット　藪内正幸

カラスの早起き、スズメの寝坊

文化鳥類学のおもしろさ

まえがき

一九七三年からしばらく、私は㈶日本野鳥の会の機関誌「野鳥」の編集を担当していた。その頃は私が少年時代から師事していた野鳥の会の創始者・中西悟堂先生が、一九三四（昭和九）年に、「日本野鳥の会」を発足されたときに初めて用いた、「野鳥」や「探鳥会」という日本語を何の疑いも持たずに使っていた。しかし、このなかの「探鳥」という言葉が、日本語として正式に辞書に載ったのは、四〇年後の一九七四年版研究社の『新和英大辞典　第四版』が最初であった。

この頃、「日本野鳥の会」は環境庁（当時）を主務官庁と仰ぐ公益法人の資格をとり、それまでの野鳥や自然に触れるのを趣味とする会から、明確に野鳥や自然の保護を志向することとなった。そのために私の編集方針も、多くの会員を集めるための楽しい内容にするとともに、自然保護を明確にうたった硬派の論考もどんどん掲載することにした。が、会員は毎年のように三五〇〇人前後を上下するだけで一向に増加しなかった。

当時「月刊エコノミスト」から依頼を受けて「バード・ウォッチングのこと――なぜ愛好家に知識人が多いのか」という論考を寄せたことがあった（一九七六年五月、七四号）。当時の野鳥の会の会員は、首都圏を中心に全国的にもメガロポリスの住民が多く、環境庁のいう「植生自然度の高い」地方――例えば、富山県、宮崎県、沖縄県などは二桁の会員数しかいなかった（さすがに北海道は一一三人を数えたが……）。

この現象を私は、自然がなくなり、自然に触れる機会を失った都市住民の、自然に対する生理的渇仰のしからしむるところと評した。すでに田村剛《つよし》博士や品田穣《ゆたか》博士（品田穣『都市の自然史』中公新書、一九七四年）らの論考があって、それを裏づけることが可能であった。それでも、スキーやオートキャンプのようなモダーンな、いささか派手で、それゆえ喧騒的な生理的なレベルでの自然指向に比べると、孤高、偏屈、高い知性と感性、高額な所得などをベースにした中流ないしはそれ以上の生活水準を持つ都市住民がその典型であった。だから、この雑誌の編集後記には「野暮天の趣味」と決めつけられたのである。アースカラーでよれよれの着衣、ゴムの半長靴、首に双眼鏡、独りで静かに歩む、その風体はまさに野暮天の権化であった。

黒田長久博士は中日新聞のインタビュー「この道」のなかで、「中西悟堂氏の提唱した『探鳥』は、鳥のいる場所にそっと人が近づき（略）鳥の邪魔をしないように（略）観察する（略）それによってお互いの存在を感じながら心を通い合わせる（略）」、バード・ウォッチングは性能の良いレンズを用いて「野鳥の姿はよく見える代わりに、実際は鳥との距離が（心理的にも――筆者注）開いていき」と、探鳥会とバード・ウォッチングのニュアンスの違いを指摘されている。

でも、私のあと、「野鳥」誌の編集を継いだ若い諸君は、野鳥をワイルド・バード、探鳥をバード・ウォッチングと呼称した。とたんに（もちろん、新しい方式でのPRの努力も与って力あったろうが）野鳥の会の会員は一〇倍に増えたのであった。今や野鳥の探索、いやいやバード・

ウォッチングは、流行の最先端を行く恰好いい自然趣味で、極めて若々しく新鮮な雰囲気である。その用具やファッションはじゅうぶん市場価値を生むほどに成長し、日商一〇万円の売り上げを連続した組織もあったという。都市文明による自然疎外から発する自然指向の野鳥観察も、心理的次元と生理的次元の相違が、そこはかとなく感じさせられる一種の社会現象ではある。

漢字とカタカナとの相違で、これだけ大きな差が生まれる現代の文明とその動きは、文明論的にとらえると極めて面白い、といったような与太噺を語り歩いていたら、当時の「野鳥」誌が「野鳥を楽しむ」という特集を組み、そのなかに「文化鳥類学のすすめ――私の鳥の楽しみ方」と題して、何か（？）を書けと言ってきた。そこで五〇〇〇字ほどの小論を書いたのが、私の文化鳥類学発祥の原点であった（「野鳥」No.四一八、一九八一年）。

ここで私は、「文化人類学があるならば文化鳥類学があってもよかろう」と言い、「それは学問的体系が成り立つかどうかで決まる」と述べた。自然科学のなかの動物学の一分野に鳥学（または鳥類学）がある。鳥に関する形態、分類、行動、生態それに応用鳥学など、いずれも客観的実証を伴い、主観や妄想を排し、それゆえに計量できる数値や、証拠としての標本、大量のデータが要求される。

しかし、我々の日常には秤量できない世界はふんだんにあり、主観や妄想が跋扈するのは科学の世界よりも遥かに多く、普遍的である。こういう世界に転がっている鳥関係の話題や問題は、現在ではいまだに鳥学のなかに拾われて学問的位置づけを得ていない。例えば、鳥と人との関わりのなかで最も素朴な、焼き鳥の味とか、なぜ鳥はヘビやカエルより人々に愛されるのか、コウノトリはなぜ赤ちゃんを銜えてくると信じられるのか、その赤ちゃんはどこから手に入れてくるのか、いわゆる下らない話題まで拾いあげたらきりがない。しかし、フィールド・サイエンスの手法、つまり膨大な情報を集め、これを比較検討しつつ相互の類似性と相違性を手がかりに少しずつまとめていくと、このどうにも仕様のない混沌のなかにも、何らかの普遍性や体系を見出すことはありえよう。それでも、どうしても既存の学問体系に馴染まない形で残された混沌のなかに文化鳥類学の新しい芽生えが期待できないだろうか？　これは新しい可能性への挑戦として大変魅力的である、とかなんとか理屈を捏ねたあげくに、「私の文化鳥類学」は生まれたのである。しかも、文化というからには、人と鳥との関わりを論じたい。鳥と鳥、鳥と他の生きものの関係ならば、既存の鳥学のなかの習性、行動、生態などのジャンルにおさまるからである。

　ここには主観はもとより妄想、牽強付会、でっち上げなどなど狼藉の極みが蝟集している。しかし、面白いことは抜群であろうし、私は密かに自負しているのである。それを単なる屁理屈でなくしたいと思い、比較文明論的な視点を導入してみた。

　現在、自然や野生との共生がしきりに言われるが、その実態は人間の側のかなり勝手な恣意による片（偏）利共生が多い。つまり人間だけが利益を得て、自然や野生の利益を省みない。だから野生は衰退するばかりである。今までの彼らに対する「横暴」を反省すれば、今は人間の側から彼らに対して譲らなければならない慎みや謙虚さが必要なのではないか。

　しかし、人間の自然に対する姿勢に人間優位はどうしても払拭しきれない。この原点は、一神教の世界での自然に対する、神→人→自然という序列が明確であることに発している。仮に、神の思し召しで自然や鳥の保護に当たるとしても、それは神の執事としての人類が「代行」するという姿勢になる。

しかし、多神汎神の世界では違う。例えばヒンズー教や仏教の世界では、輪廻転生、因果応報といった死生観から、一切衆生悉有仏性とか山川草木国土悉皆成仏といった物凄いまでの平等観が基本になっている。東京神学大学の大木英夫教授は「神は汎神多神から進化して唯一絶対神になる」と説かれた。しかるがゆえに多神教の世界は原始宗教であるとも……。天台の僧正でいらしてインドのタゴールに傾倒していた中西悟堂先生に師事していた私は、この大木先生のお考えには、多分の抵抗を覚えていた。

ある時、生態学の泰斗E・P・オダム博士の『生態学の基礎』を読んでいて、はたと思い当たった。陸上生態系の環境による生物的生産性の推移と、神の数の変遷が見事に整合するではないか。神は、進化して唯一の存在になるのではなく、土地の生産性と人間の収奪の具合に合わせて収斂するのである。すでに文化人類学の分野では「天に神を仰ぐ民族はろくな生活をしていない、いなかった」と言っている。

表1　神の系譜にみる自然の変遷

アニミズム→汎神→	祖霊・土地の神・生産の神→	唯一絶対神→	無神？
狩猟の時代	農耕の時代	過放牧	
森林	草原（農耕地）	放牧地　砂漠	都市
自然の生産性大	みかけの生産性向上	生物的生産性低下	皆無
3～10	0.5～3	0.5以下	0

数値は1日1m²当りの一次生産量を乾燥重量で示したもの。E. P. Odum、1959に依る。因みに世界の平均穀物生産は　2gr/m²/day、日本は　5.1gr/m²/day　以上、FAO、1966に依る。都市は無神で、生物的生産性0というのは柴田の見解。　（柴田　1981）

合衆国の文化人類学者フローレンス・クラックホーン女史は、人と自然との関わりを三つのパターンでとらえた（表2参照）。ここにみる欧米の文化は、絶えず自然と対決し、これを支配し開発し、人間の都合のよいように改変する努力を怠らない文明である。それ故に人間優先、人間至上の姿勢は明確である。たとえばニワトリの品種改良などに、その歴然たる成果を見ることができる。背の高さ五〇センチメートル、体重五キログラムを越えるブラマ（肉用種）から、体重五〇〇グラム以下、手の平に乗るようなバンタム（愛玩鶏）などはその最たるものである。

日本の地鶏（和鶏）は、文字通り「庭つ鳥」で、自由に庭を歩きまわって野生的である。

その品種は少なくないが、いずれも雌鶏《めんどり》は野鶏（原種である野生の鶏）のメスによく似ている。すべて自然と協調融和するように人間の方がほどほどに対応して、欧米のように人間の恣意をむき出しにはしない慎ましさがある。

西欧の人々の自然観を基礎にした、飽くなき、前進・開発への努力が幸せを約束するという「心理的幻影――S・フロイトの言う」に基づく営為が、今日の西欧型文明が世界を席捲し、快適、清潔、安全、迅速、便利という結構極まる都市文明を生みながら、ふと気づいたら取り返しのつかない環境の汚染と破壊、人心の荒廃を招き、野生の衰退をもたらしたことに、気づかなかったこ

表2　自然と人との関わりの三つのパターン (F. Clackhorn 1954)

1	自然＞人間	自然へ服従の関係	メキシコ農民、アメリカインディアン
2	自然＜人間	自然を支配の関係	USA、USSR（当時）
3	自然≒人間	自然と調和の関係	中国、日本

とを今こそ問い質さなければならないと思う。本来、人も鳥も「自然（この場合はあえてジネンといいたい）」の営みの前に、基本的に同じですぞ、だから人間優位の姿勢は間違いですぞ！との念を込めて書いてみたのが『カラスの早起き、スズメの寝坊――文化鳥類学のおもしろさ』なのである。もちろん、この伝で、「文化蛇学」や「文化魚類学」があってもよいであろう。

『易経』では「天行健也」というが、今の人間の営みの主流となる近代文明は相当不健全で、すでに終末的様相が垣間見られるほどである。一九六九年七月、月面に着陸したアポロ11号の乗組員が、地球を評して「運命共同体としての宇宙船地球号」と言った。この視点は人間優位を説く一神教の世界に画期的である。近年、環境倫理がしきりに言われるが、ドイツとアメリカの学者が「一神教は人間優位を説き過ぎた。神父と牧師は論理構築を見直すべきである。ヒンズー教と仏教は、環境倫理に整合性が高い」と言っている。これは明らかに「生物間倫理」を指している。人と生きものとの関わりへの倫理である。

かなりいい加減な「私の文化鳥類学」も理屈を言えば、私なりにこういった文明論的視点を秘めていますよ、と言いたかっただけである。特定の宗教や信仰を誹謗する意思は毛頭なく、他意のない私の心情をご寛容いただきたい。と同時に、「面白かった、楽しかった、サヨナラ」で終わらない、何らかの衝動を読者が覚えてくだされば、まさに望外の幸せである。

柴田敏隆

I　鳥社会の不思議

モズの恋

モズという鳥は変わった鳥である。本来の氏素性は、スズメやカラスと同じ、俗に鳴禽《めいきん》と呼ばれる可愛い小鳥の多い仲間である。

それなのに性質が猛々しく、純然たる肉食性で、それも生きている小動物を襲って食べるので、外見の可愛らしさに似合わず小鳥というよりむしろワシ・タカ類に近い猛禽《もうきん》的要素が極めて強い。

例えば、その片鱗を嘴《くちばし》の形にみることができる。モズの嘴は、ハヤブサのそれに似て、上嘴の下側の両脇に小さな突起がある。これは捕えた獲物の首を抑え、脊髄を破砕するニッパーのような役割をすると考えられている。また、その先端も猛々しく下方に曲がるが、これは獲物の肉を切りとるときの手かぎかナイフのような役割をする。だから怒ったモズに喰いつかれたら飛び上がるほど痛いし、喰いつくと嘴だけで宙吊りになって雷様が鳴っても離すまいといった果敢なファイトを秘めている。この辺の性格は、まさに猛禽そのものである。

このように気の強いモズであるから、食物となる小動物が少なくなる冬は大変である。何とか食いつなぐだけの獲物を確保しなければならないので、自分専用の食物供給地域をなわばりとして持たなければならない。

この大切な食物貯蔵庫を守るために、モズは、他の小鳥たちとは全然別に、秋になってなわばりの宣言を始めるのである。

それと同時に、モズにはハヤニエ（早贄）といって小動物をカラタチの刺《とげ》、有刺鉄線の刺、細い枝の叉などに刺したり引っかけたりして保存する習性があって、これはモズ独特のものである。このハヤニエは、寒さが厳しくなって獲物が手に入らないようになると食べるけれど、食べ残しも少なくない。忘れてしまうらしい。ハヤニエにされる獲物は、小さなトカゲ、カナヘビ、カエル、ヘビ、淡水の小魚、小さな野鳥、ヒミズモグラ、トガリネズミ、バッタ、クモなどその種類は極めて多彩である。

一般的に鳥類は、春、繁殖期に入ると自分のヒナを育てるための区域をなわばり宣言して、これを必死に守るものであるが、モズは、秋にもなわばりを構えなければならない。しかも、春のなわばりは夫婦協力して我が家のために確保したのに、モズの秋のなわばりは、自分一人のためのものである。

だから、昨日まで仲むつまじく力を合わせ孜々《しし》として子育てに飽くことを知らなかった円満な夫婦でも、ひとたび秋風が立つや、お互いに断乎として相容れない仇敵となって激しく対決しなければならない。冬の自然は、きびしく、貧しく、とても夫婦相和して助け合いながらやっていける状況ではないのである。

毎年、立秋を過ぎて、それこそ目にはさやかに見えなくても、どことなく秋風の立ちはじめる八月中頃、モズは高い木の梢などに止まって、キリキリキリキリ、チョンチョンと高らかになわばりの宣言をはじめる。

信州ではこれを、「モズの初鳴き七十五日」といって、この日から七十五日目にその秋の初霜を迎える、という一種の長期予報に当たるが、その真偽のほどはどうかといえば、旧暦の霜月(十一月)はまさにその頃なので、信州で初霜を見るのは結果論的に妥当といえるだろう。でも、ここ数年の暖冬の進行具合は異常と思えるほどなので、この諺はいずれあてはまらなくなるかもしれない。

かくして、昨日の夫婦は今日の怨敵と化して、激しくいがみ合いながら冬を過ごすが、さて、一陽来復、自然の摂理に従って、再び繁殖の衝動に目醒め琴瑟《きんしつ》相和したいと思うようになったとき、この仇同士は、どうやって和解するのであろう。

昨日まで、境界線一本を境にして激しく争っていたのが、急に夫婦のよりを戻そうとしても、何ともばつが悪いのではなかろうか。モズの研究の第一人者山岸哲《さとし》博士によると、やっぱりそういう具合の悪さはあるらしく、そのためか、少し離れた別の異性と一緒になるケースが多く、その確率はざっと五〇パーセントという。表現が不穏当かも知れないが、結果的には、ていの良いスワッピング(夫婦交換)になるし、あるいは、去年生まれのフレッシュなつれ合いを求める可能性も高いわけである。不謹慎ながら内心うらやましい、と思う御仁もおられることであろう。

春になると、モズのメスはなわばりを解消し放浪を始める。オスはこういうメスを見るとポーズをとり小声で恋の歌をささやいて迎合する。しかし、多くの小鳥はこういう場合、メスが首をすくめ腰をおとして翼を小刻みにふるわせながら、ヒナ鳥が餌をねだるのと同じような声とジェスチュアでオスに媚びるものである。

子どもは本来、どこの世界でも可愛いものである。この餌ねだり行動を見せつけられたオスは、子どものような可愛らしさに惹かれて思わず気持ちがなごみ、本能的に餌を与えようとする。

そのプロセスを繰り返すうちに、いつの間にか気がついたら夫婦の絆が結ばれていた、という形になるようで、これはまことに人情（？）の機微を衝いたうまいやり方である。

彼か？　彼女か？　アオバズク

アオバズクは私の幼馴染みである。小学生の頃から鳥が大好きになったのも、毎年夏になると家の近くのケヤキの大木にアオバズクが必ず巣くって、銀色の綿毛に包まれた可愛らしいヒナを育てるのを目のあたりにして育ったからであろう。

中学へ入って鳥好きの友人にめぐり合い、二人の野鳥志向は止まるところなく高まった。近隣の、歩き回れる限りの自分の「なわばり」の中に営巣するアオバズクは、片はしから訪ね歩き、夜の更けるのも忘れてその観察に熱中した。

あるお寺の納骨堂の傍のこれも大きなケヤキのうろに営巣したアオバズクをのぞくには、少し小高い墓地が最適であったので、日が暮れるとその墓地に入り、墓石によりかかって宵闇に瞳を凝らしたものであったが、別に怖いとも不気味とも何とも思わなかった。ただ、陽に照らされた墓石が夜遅くまでかなりのぬくもりを放っていたことだけが、妙に印象に残っている。

長じて同志と共に自然保護運動に志し、若い諸君と山野をめぐり歩いたとき、仲間うちのコール・サインがアオバズクの声であった。アオバズクの声は大変真似やすい。ドイツ語のchの発音よろしく、のどをかまえ、心持ちクポ、クポとKの発音を効かしながら高く鋭く鳴くと本物そっくりになる。

アオバズクは青葉木菟。その名の示す通り、毎年、新緑のむせかえるような初夏の頃、夕闇がせまると共に鎮守の森などから「ポゥポゥ、ポゥポゥ」と二節ずつはっきり区切って鳴く声の主である。これは誰にも馴染みのある声であろう。

これを単純にフクロウだと思い込んでいる人も多いが、本物のフクロウは、アオバズクよりひとまわり大きく、およそニワトリほどの大きさで、その声も「オホウ、ゴロスケオッホ——五郎助奉公と聞こえる——」と、ドスの効いたバスで殷々と鳴くものである。

ネイティブアメリカンは、動物の鳴き声をお互いの合図に使ったという。これは西部劇でもお馴染みであるが、われわれのコール・サインも堂に入ると本物そっくりなので、一般の人にはアオバズクの鳴き声としか認識されないし、冬期にはかけ出しの野鳥の会の会員が、目を丸くしてフィールド・ノートに「珍しやアオバズクをナマ録」などと書き込むほどである。というのは、アオバズクは、春、日本に渡来し、十月頃に南の国へ渡り去る夏鳥の一種だからである。しかし、人の耳をごまかせても、当のアオバズクの耳にはどう受け止められるであろう。

かつて鎌倉の大町に住んでいたとき、夏になると、近くの妙本寺さんの森でアオバズクが鳴いた。私が庭に立って、たわむれにその声を真似たら、何と、このアオバズクは明らかに反応したのである。

そこで、タイミングに気をつけながら呼びかけたら、しばらく鳴き交わした後、このアオバズクは、さっと一直線に私の庭まで飛来したではないか。今度はこちらの方が興奮してしまって、

アオバズク

この一羽と一人は、少時夢中になって鳴き交わしたのである。

その後、夕方暗くなってから、私が庭に立って呼びかけると、このアオバズクは、直ちにこれに応じて飛来するようになった。

はじめは、一番高いテレビのアンテナに止まり、そのうちサクラの木に移り、だんだん低く降りてきて、お互いの顔がはっきり分かる五メートルくらいの距離で、双方、夢中になって鳴き交わすのである。

傍の者には全く理解できない光景であろう。そこで、やがては毎回、家内が窓から顔を出して、「およしなさい、みっともない、ご近所の方がみたら何と思うでしょう！」とたしなめることになる。「いかにも左様で！」と私もやっと我に返るのであるが、私は、このアオバズクと友交和親の情を交わしていた、とひそかに悦に入っていた。

しかし、あるとき、ふと思いかえしてみたら、あれは、不逞の輩《やから》の侵入を戒告するため、断乎として抗議にやってきたものかも知れない。そうだとすれば、友交和親などという独善的なロマンはたちまち霧消してしまって、向こう様の気も知らず、何と心ないことをしたものよ、と今更ながらにその気配りの至らなさを恥じたものであった。

しかし、アオバズクはオスもメスと同じように鳴くので、友交和親の情は全く交わせないわけではない。アオバズクと同じように、オオルリやイソヒヨドリのメスも、オスほど流暢で長い時間ではないが、同じような囀りをする。機会があれば、もう一度、あの彼か彼女か分からないアオバズクに、それを問い質したいと思っている。

コジュケイの夫唱婦随

鳥が歌うのは、音声によるコミュニケーションをはかるためで、とりわけ、繁殖期にオスが囀るのは、なわばりの宣言と、メスの獲得のためである。などと「生気論」的に解釈すると、誠に無味乾燥な話になってしまって、だから科学は嫌いなのだ、と拒否反応を呈する人も少なくなかろう。

鳥のような高等動物で、かなり知能の発達した動物は、人間並みか、少なくもそれに準じた感情や情緒の働きがあるらしく、今までの科学が、それを十分に究明できなかっただけである。

最近の動物行動学は、鳥たちが、愚かなほど融通の効かない本能と交錯しながらも、見事な知恵や感情の世界を持つことを、少しずつ解明してくれている。

「Twilight Song」といって、暁方に百鳥《ももとり》が一斉に鳴き始める「暁の合唱」や、俄雨があがって、再び陽光が射しはじめたときに、ここかしこで小鳥たちの合唱が湧き起こるのは、採餌やなわばり確保のような「個人的必要」によるものでなく、まさに太陽の再来を迎えるよろこびを謳歌し、そこの森や林や草原に棲む鳥たちの社会的なまとまりを示す、社交的な歓喜の歌と考えてよい情緒的な現象である、と鳥の専門家も言っているのである。

オスの鳥がしきりに囀りを聞かせる繁殖期は、鳥たちの夫婦のきずなは固く、常に夫婦が連れ立って行動を共にするので、見ていて微笑ましい。

人間の世界には夫唱婦随という言葉があるが、鳥の世界も基本的にはオスの方がアクティヴである。例外的に、タマシギやミフウズラのように、ライオンや一部の人々の間に見られる婦唱夫随がないでもない。

コジュケイという鳥は、野外では雌雄の判別が大変つきにくい鳥であるが、春ともなると御多分にもれず、オスはとてつもない大声で囀鳴《てんめい》をはじめる。それは「チョットコイ、チョットコイ」と聞き做《な》され、積雪地を除く日本の各地でなじみの深い鳥である。

大都会の住宅地や公園の藪でも、その姿を見かけ、素頓狂《すっとんきょう》な声を耳にすることができるのは、この鳥のルーツに由来している。

即ち、コジュケイは、大正八（一九一九）年、旭硝子の社長であった岩崎俊弥氏が、上海から東京の赤坂にある私邸に連れてきた外来の鳥なのである。今では完全に日本に帰化して、その生態系を構成する一員としての生態的地位を確立している。従って、その鳴き声も日本語で「ちょっと来い！」であったり、中には「カアチャンこわい」と聞く御仁もおられるらしい。私の住む街は米軍の基地があるので、英語で鳴くコジュケイもいるという。それは即ち「people when」であったり「one two three」なのだそうな……。

このコジュケイのオスが、大声で歌うとき、傍のメスがこれに唱和して、デュエットで歌うこ

コジュケイ

31　コジュケイの夫唱婦随

とがある。

オスが、ピイッピイッピイッ、ピックルホイ、ピックルホイ、とはじめると、メスが、ピイークック、ピイークククとこれに合の手を入れるのである。その間合のとり方は、まことによろしきを得て、美事な二重唱となり、まさに夫唱婦随の権化といえよう。

学者はこれを、Duetting とか Pair Calling とかいうが、この場合はペア・コーリング（雌雄唱和）の方がより似つかわしいと思う。

アフリカのブーブーヤブモズやオーストラリアのハイイロモズツグミも、これを行なうという。ツクツクボウシというセミも、一匹が鳴くと、傍でジー、ジーと合の手を入れるし、シュレーゲルアオガエルも、コロロッコロロッというソロに対し、ギュークククといった具合にもう一匹が声をあげて唱和するように聞こえるときがある。

しかし、この場合は、いずれもオス同士の発声なので、二重唱ではあるが、ペア・コーリングではない。

しかも、これは、相手の独唱を妨害して、その意図や成果を挫折させようという狙いで発する声なのである。

生きものが争うとき、正攻法で力をもって相手を屈伏させようとする方法の他に、搦め手から攻めて、敵を困らせ、弱らせ、その戦意を低下させ、成果を減衰させようとするやり方は、いつでも、どこでもある。われわれが日常に妨害の音波や電波を意図して発するのは、毎度のことであるし、どこの世界でも男同士のかかわりには、きびしいものがあるようだ。

離間と向触

「ミスター・ヤマダは、まだあやまりに来ない」

ボスのジョンソン少佐は、昨日からカッカとしっ放しであるが、当の山田氏は、全然無頓着。どうもボスの機嫌が悪いようだが、一体何を怒っているのだろう、といった程度の関心でしかない。

実は、昨日の朝、廊下で山田氏が、アメリカ人のジョンソン少佐の身体に「軽く」触れたのだが、「Excuse me」がなかった、といって怒っているのだ。あれくらい、通勤途上の混雑のさなかでは日常茶飯の事、いちいちあやまってなんていたら、身が持たない、どうってことないじゃない！と思っているのが、日本人の山田氏。私の住む横須賀にある米海軍基地のＳＲＦ（艦船修理部）で実際にあった話である。

欧米人はおかしなもので、人目もはばからず、親しい間柄であるとやたらに口づけをするくせに、見ず知らずの人と肌を触れ合うことを極度に嫌悪する。だから教養のある人は、接触の危険を察知するや、いち早く「Excuse me」とか「Pardon」とか言って予防線を張ってしまう。そのための気配りようは大変なもので、こういう事に一向無頓着な日本人は、彼らの価値観からすれば、野卑で粗暴でどうしようもない礼儀知らずであるということになる。

実は、鳥の世界にも、これに似た現象がある。本来孤高なワシやタカならば当然であろうが、割合に群れて仲の良いツバメやムクドリが、電線などにとまったときよく見ると、決して身体が触れ合うようにはなっていない。見事なくらい、等間隔に離れて並ぶものである。あれは、接近するときに嘴が触れ合わないギリギリの限界で止まるためで、身体の大きさが、種属によって大体同じなので、まるで測ったように等間隔に離れるのである。

社交性（社会性）はあるので、お互い仲良くはしたいが、それでも嘴がぶつかり合うのは、どうにも我慢ができないらしい。

ところが、ジュウシマツやメジロは、同じ社交的（？）な小鳥であるが、これは見事に身体を寄せ合わせてしまう。目白押しという言葉があるし、ジュウシマツも漢字では十姉妹と書くほどである。

これらの小鳥は、嘴を触れ合わすどころか、お互い相手方の羽毛の羽づくろいまでしてやるのであるから、まるでサルのグルーミングのようである。

鳥の学者は、ツバメやムクドリのようにくっつかないのを離間型、メジロやジュウシマツのようにべったりくっつき合うのを向触型と呼んでいる。コウショクなどと聞くと、何やら井原西鶴を思い起こしそうであるが、我々日本人は、まさに向触型の最たるものであろう。そして、欧米の人々は、見事なまでの離間型である。

だから、ジョンソン少佐はプリプリだし、山田氏の方は「蛙の面に水」でいられるのである。

日本在住のさるスウェーデン人が「日本の通勤電車は有難い。乗れるだけ乗せてくれるし、乗り切れなければ、ご丁寧にも降ろしてくれる」と言った。この人は、真冬の朝のラッシュアワーに見かけるアルバイトの駅員さんの、例の「押し屋兼はがし屋」のことを言っているのである。さらに彼は言う。「スウェーデンでは、行列して電車を待つが、順序良く乗って、お互い肌が触れ合いそうになると、もう乗るのをやめて次の電車を待つ。だから、混むときは、数台の電車を見送らなければならず、いきおい、遅刻しないようにするためには、早く家を出なければならない。日本では、発車間際に駆けつけたって、乗れる限りは乗せてくれるから、寝坊できるほどである」

この人は、大分ニッポナイズだかジャパナイズだかして、あの満員電車にギュウ詰めにされることを苦にしていないようである。

逆に近頃は、日本人でも、お互いに触れ合うのをいとうようになってきたらしく、七人座れるJRの長椅子に六人ないし五人しか座らないケースが目立つようになってきた。これが地方だと「御免！　少々お詰め合わせ下さい」と言って、強引（?）に座り込む御老人が結構いるものだが、都心ほど、そういう人は少なく、また座っている方も敢えて、詰め合わせようとはしない。

心なしか、二十〜三十年前に比べると混雑時に腕を使って人を押しのけようとする人が少なくなったようだし、「失礼！」を口にする人が増えたようである。日本のヨーロッパナイズも、ここまで進んだのであろうか……。

雪加の旦那

さる年、ある機会があって大手の新聞社が主催するシンポジウムに登壇させられた。その時のテーマは、みどりや環境の保全であったが、話が転がって、欧米人の自然観、日本人の自然観という中味になっていった。私は、輪廻転生に言及して、一切衆生悉有仏性だの四海同胞だのと柄にもない話から、「運命共同体としての宇宙船地球号」――これは月面着陸をした宇宙飛行士の感慨として有名な言葉である――の上では、動物も人間も同格である、といった大演説をぶち上げてしまった。

そうしたら、隣席のフランス人の先生が「私の国では、そんなこと言ったら、火あぶりの刑です。何となれば、動物には魂がありません」と言ったのである。「あっ！」と思った。何という明快な割り切りようであろう。ソルボンヌ大学出で、日本通のこの先生の、しかし、いかにも西欧の人らしい自然観を目のあたりにした思いであった。

本当にそうであろうか？　動物にタマシイはないのであろうか？

幼い頃から動物好きで、何人（幾種類）かの彼らと寝食を共にし、今でも、山野を駆けめぐって、彼らの生活を垣間見ている東洋人の一人である私には、とうていそうは思えない経験歴がた

セッカ

くさんある。おおいに反論したいところであったが、このシンポジウムは一種の〝さくら祭り〟で、同志の集いだったので、壇上での抗争は慎まなければいけない。誠に不本意ながら、私は何も言わないで終わった。

動物行動学の泰斗で一九七三年に、ノーベル医学・生理学賞を受けたオーストリアのK・ローレンツ博士の名著『ソロモンの指環』――「動物行動学入門」の副題で日高敏隆氏の名訳が早川書房から出ている――を読むと、近代科学が、動物のタマシイにどのような解明の光を当てているかが、読み取れて興味がつきない。

この一九七三年のノーベル医学・生理学賞は、いっぺんに三人が受賞したが、前記、K・ローレンツの他、K・フォン・フリッシュ、N・ティンバーゲンのお二人も、いずれも動物行動学の業績をたたえられたもので、このあたりから、動物行動学は、若い学者が輩出して飛躍的に進歩を遂げているのである。

そうして、次々に解明されていく動物行動の世界は、それが、人類に近い哺乳類や鳥類であればあるほど、何と人間によく似た原理原則を持っていることであろう。「人間と動物は違います、絶対に一緒には出来ません」という西欧の思想も、根底から揺らぐような事実が、次々と明るみに出されるようになってきた。

ある年二日間にわたって開かれた日本鳥学会の大会で、四〇件の口頭発表、一三件のパネル発表があった。中でも、現在、立教大学教授の上田恵介氏の研究が、とりわけ面白かった。

セッカ（雪加）という小さな鳥がいる。繁殖期に、セッカのオスが、メスに求愛して交尾を迫るが、メスがそれを拒否すると、オスは（怒って――筆者注）、作りかけた巣の中から、折角メスが運び入れた内装材を外へ放り出してしまう、というのである。

「お前のような、俺の言うことを聞かない女はいらない！　さっさと出ていけ！」といった調子である。そして、外装材の残った巣に、新しい別のメスを迎え入れるのであるが、この外装材はセッカのオスが自作したものである。

つまり、新装成った家に、お嫁さんが、嫁入り道具持参でいそいそと入ってきても、亭主関白の逆鱗にふれたら、有無を言わさずに、嫁入り道具もろとも放り出されてしまう、という図式である。

このセッカの旦那は、幾つもの求愛巣を作って、次々とメスを呼び込むのであるから、ひと昔前ならば、男の中の男として、その甲斐性を女性から賞讃され、平凡な男どもからは羨望されたことであろう。しかも、このセッカの旦那は、ひとたびメスを迎え入れたらその後は一切、繁殖活動には携わらない、というから、まさにプレイボーイの権化である。しかし、この行動は、セッカの種属維持にとっては、適応的である、と上田氏は解釈しておられた。

日本でもこのような暴君の存在は、もはや許されないと思うが、内心、セッカのオスを羨ましいと思う殿方は少なくあるまい。

レディー・ファースト（ladies first）のとりわけきびしいアメリカでは、男同士の会話に、この手の内容は大受けするものである。

まさに、「四海同胞」「悉有仏性」ではないだろうか！

コンコン鳥の亭主

ひと昔前、初夏の田園は昼夜を分かたず賑やかであった。

一年中で日照時間が一番長いこの時節は、多くの動物たちの繁殖期に当たるので、オスどもはなわばりを確保し、それをライバルに宣言し、同時に良い伴侶を求めるために、飛び、走り、泳ぎ、潜りしつつ、精一杯求愛の歌を唱い続けるので、忙しくもあり、姦《かしま》しくもあり、賑々しい限りなのである。

夜になっても、昼とあまり変わらず、夜勤族は、昼の連中に負けてならじと唱い騒いだ。タンボコオロギやケラのような小さいのから、トノサマガエル、ダルマガエル、アマガエルにツチガエル、それにシュレーゲルアオガエルといった裸族。羽族では、ホトトギスが俗に八千八声《はっせんやこえ》を鳴き続ければ、オオヨシキリは葦原にあって、行々子《ぎょぎょし》行々子《ぎょぎょし》と徹夜でがなり立てていた。

芝居の幕開きの拍子木のリズムそっくりに、チョンチョン……とはじめゆるく、終わりに速く鳴くのはヒクイナ。一般には「水鶏《くいな》が戸をたたく」と形容される、あの鳥である。暗い空からクワッとひと声、カラスに似て、それ故に「夜烏」とも呼ばれる声は、ゴイサギ。キューッと糸を曳くように鳴くのは、ササゴイ。遠く鎮守の森から、ホッホッ、ホッホッと二節ずつ明瞭に区切

タマシギ

って鳴くのはアオバズクであった。

それが、今はどうだろう。コシヒカリ、ササニシキの二大銘柄を産する穀倉地帯が、満目緑のじゅうたんを敷きつめたようなのに、寂として、生きものの声ひとつしない。何という不気味さであろう。レイチェル・カーソン女史のいう『沈黙の春』（農薬の乱用から緑が残っても、鳥は歌わず、蝶は舞わずといった壊滅寸前の自然であることを警告した名著）とは、まさにこういう状況を言うのであろう。

いくらおいしいからとて、このような不自然で作られるお米を食べて、大丈夫なのだろうかと、考えざるを得ない。

ところで、初夏の水辺で、これも昼夜を問わず、鳩時計そっくりに鳴く鳥がいる。人々は昔からこの鳥を、その鳴き声に因んでコンコンドリと呼んだ。標準和名をタマシギという。ハトくらいの大きさで、地味ながら美しい粧《よそお》いの鳥である。

繁殖期に、なわばりを確保し、それを守るために同族のライバルと激しく対決するのは、普通、オスの役割ということになっている。人間でも男は外、女は内、夫唱婦随とか亭主関白が常識になっていた。だから、その常識に合わない事態があれば、それは話題性十分であって、まさに「人が犬を嚙んだ」ようなニュースバリューがある。

以前、秋好馨さんの漫画に「ますらお派出夫」というのがあって、失笑を買いつつも、そこはかとない共感とペーソスを覚えたものであったが、あれは昭和三十年に鎌倉で三〇人のメンバーで始めたのがその嚆矢《こうし》で、実在したものとは驚きであった。当時の日当は五〇〇円だったという。

昔は、日常の生活に、男女の職能分化は、かなりはっきりしていた。だから、その領域を侵すと、男のくせにとか、女のくせにとか非難がましく言われたものだった。

現在は、髪型、服飾だけでなく職業も中性化というより無性化が進み、男女雇用の均等化は、法に定められるほどである。

実は、タマシギの世界では、オスが巣を作り、卵を抱いて温め、孵化したヒナの養育一切をすることになっている。メスはといえば、麗々しく着飾って、なわばり内を巡視し、なわばりの宣言と恋の歌を唱い、同属のメスと出合えば、激しく闘うこともする。

オスの方は、全く地味な色合いで、ひたすら黙々と家事にいそしんでいるのだから、まさに「ますらお派出夫」そのものであり、ゴキブリ亭主、恐妻家の権化であろう。

しかも、タマシギのメスは、一妻多夫で、何人かの「若きツバメ」を抱えこんでいることも知られているのだから、たいした女丈夫である。この、アマゾンの再来のようなメスも、卵だけはオスに産ませることが出来ないので、複数のオスどもが用意した産座に産んで歩くことになる。考えれば、産卵だけでも大変な重責を負うことになるメスが、引き続いて抱卵、育雛と多大の労力を要することは、いかにも家内工業的であるが、それを、よく訓練（?）されたオスどもに付託して、一遍に大量の子孫を増やすのは、種属の繁栄維持に有利である、と学者は解釈している。何やら一九一三年当時のフォード自動車工場を彷彿させられるが、願わくは、人間世界にこの方式を導入することだけは避けて欲しい、とオスの一員である私は、秘かに、しかし衷心より、そう願っているものである。

先頭に立つのは誰？

春は、鳥たちの移動のシーズンである。そして、四月一日が、会計年度の起始日に当たる多くの日本の官公庁や会社で、人事の異動が行われる季節でもある。

同じ「いどう」でも、鳥の場合は、春は原則的に北へと移動する。「あの故郷《ふるさと》へ帰ろかな……」という止み難い渡りの衝動に基づく「北帰行」である。

意外なことに、渡りの際、多くの小鳥は、夜間移動する。新入社員や下っ端の職員は、日中、目一杯働いてから、夜行列車で任地に赴き、翌日は、直ちに職務に就く、といった情景は、今でこそ少なくなったが、一昔前の、兎小屋住いのワーカホリック（workaholic）であった我々の世代にとっては、それほど奇異なことではなかった。だから、この時節に、夜間、月面を天体望遠鏡で観察していると、稀にではあるが、たくさんの小さな渡り鳥たちが、真っ黒なシルエットとなって、視野をよぎるのに出会うことがある。思いを様々にめぐらせると、万感胸に迫って切なく、あの小鳥たちの、長旅の無事を祈らざるを得なくなるのである。

大型の鳥は、日中悠々と舞い立って行く。とりわけ、ツルやハクチョウそれに雁などの旅立ちは感動的である。冬中、保護のために手だてを尽くした地元の人たちが、いつまでもたたずんで、鳥たちの姿が視野から消え去るまで見送るのも、ほのぼのと心あたたまる場景である。

お偉方の旅立ちで、空港では搭乗ゲートに入ると、新幹線のホームでは、列車が動き出すと、即座に踵《きびす》をかえして帰り始めるお義理の見送りとは、極めて対照的である。

歌の世界では、昔から、例えば引鶴《ひきづる》、戻《もど》り鴫《しぎ》、引鴨《ひきがも》、帰雁などが、春の季語、季題とされてきた。

ここに、都良香《みやこのよしか》の子、在中《ありなか》の朗詠がある。「山腰帰雁斜牽帯　水面新紅未展巾」——山腰の帰雁は斜に帯を牽き——と歌っているが、これは、野口雨情が大正十年四月、「金の船」に載せた童謡「帰る雁《がん》」の第二番「襷《たすき》にならんで　雁が帰る」と、第四番「帯になって　紐になって　雁が帰る」と、一脈相通じるものがある。

戦前の文部省唱歌の第三学年に、

「雁がわたる　鳴いてわたる　鳴くはなげきか喜びか　（中略）棹《さお》になり　かぎになり　（下略）」

とあった。これは、秋の雁を歌ったものであるが、棹になり、かぎになりは、雨情の、帯になって、紐になって、と同じような描写で、飛ぶ雁のありさまを、よくとらえている。そして、鳴くはなげきか喜びか、と想い入れをしているのも、実際に、雁の群れとぶのを見ると、何とはなしに、こういった感情移入をしたくなるものであるから妙である。

雁やツルが飛ぶとき、一羽を先頭にして逆V字形の編隊を組むことが多い。それが、必ずしも左右対称的な逆Vでなく、一方に偏ったへの字や裏への字形に変形するのが普通である。

大型の鳥が飛ぶとき、羽搏きによって空気が攪乱され、翼の後ろに渦流が生まれる。群れて飛ぶとき、後続の鳥は、この渦流の上向きの部分を上手に利用すると、飛翔が楽になる。渦流は、これを下手に受けると、飛翔が苦しくなるので、その位置を探って一番効率の良いポイントを求めると、自ずと逆V字形になるようで、この場合、後続の鳥は、いずれも内側の翼に、直前の鳥の航跡から強い上昇流を受けて飛べるのである。従って、その恩恵に浴することが出来ない先頭の一羽は、一番苦しい飛び方をすることになる。

スウェーデンの女流作家ラーゲルレーフの童話『ニルスのふしぎな旅』では、雁の大将アッカが、ロシアの動物文学作家カラージンの『鶴は南へとぶ』では、長老が、いずれも「さあ！　私に続け」といって先頭を切ることになっている。旅なれた群れのボスにふさわしいポストと思われるが、近頃の管理職は、やたらにきびしい肉体労働を率先垂範することはしない。管理職にはそれにふさわしい仕事があるわけで、ちょうど、大学の山岳部が雪山を行くとき、新入りの一年生部員を、先頭に立たせて、ラッセルをさせるのに似ている。

修紅短期大学の教授だった山本弘氏が、入念に、この雁の群れの先頭に立つ個体を調査された結果では、全く偶然に、機械的に、先頭に立つ個体が決まるもので、決して、長老や新入りの役割と決まっているものではないという。この辺が、鳥社会の物理的機械的デモクラシーたるゆえんであろう。

雁は、ガンともカリとも読む。世界中に一四種類、そのうち日本にはマガン、カリガネ、ヒシクイなど九種が記録されている。

ハトは平和のシンボル？

「日本国民は、恒久の平和を念願し、人間相互の関係を支配する崇高な理想を深く自覚する（以下略）」と前文にうたった、いわゆる平和憲法が施行されたのは、昭和二十二年五月三日であった。

昭和二十六年に、講和条約が締結されたとき、当時の専売公社は、記念にタバコのピースのデザインを新しくすることにした。当時アメリカにいた高名なデザイナー、レイモンド・ローウィは、日本からの依頼に応じて真っ暗（？）な天空から、オリーヴの若葉をくわえて、真っ逆様に墜落してくるような純白のハトをデザインした。

ハトが平和のシンボルとして決定的な地位を占めたのは、一九四九年、パリで開かれた国際平和擁護会議のポスターに、パブロ・ピカソがハトをデザインしたのが世界中に注目されて以来のことらしい。

ユダヤ・キリスト教文化圏では、昔からハトは最も一般的な鳥であり、かつ、重要な鳥であり、神に「嘉《よみ》せられた」鳥であった。

ハトは食用として広く飼われ、神へのいけにえとして羊や山羊を捧げる余裕のない貧しい人々は、かわりに家鳩二羽を、神殿の庭で買い求めて、これを神に捧げた。

もとはといえば、かのノアの大洪水のとき、方舟から放たれたハトが、夕方、オリーヴの若葉をくわえて舞い戻ってきたあたりに端を発するものだろう。

聖書の世界は、何かにつけ、善悪黒白をはっきりつけたがる傾向が顕著である。「はじめに律法ありき」と言われるほど、約束事が多い。神様は、たったお一人で、全智全能で、父系神で、契約がお好きで、やきもち焼きで、厳しい。そして、天にましましておられる。

省みて、我々の神様は、山や森や川や海、それに街角や台所などにもいらして、当然ながら汎神である。古代神道では八百万《やおよろず》もの神々がいらした。最高神と目される天照《あまてらす》は、母系神である。こんなにたくさん神様がいらっしゃると、どの神様の言うことを聞いたらよいか迷ってしまう。従って、律法より慣習が優先して、人々は、本音と建前を、不文律のうちに上手に使い分けてきた。

神学の世界では、神は汎神から唯一絶対神に進化する、という。

これはどうも、その土地の自然が持つ、生物的生産性の多寡に関係するらしい。平たく言えば、緑の量が多い所では、神様の数も多いのである。

生態学者E・P・オダムは、陸上の生態系の生物的生産性を論じて、森林はそれが非常に高くて三〜一〇グラムもあるのに、草原や人工の草原と目される農地では〇・五〜三、砂漠では〇・五以下であるといった（一五ページ表1参照）。一方、神学者の大木英夫氏は、森林での狩猟採取の文化では、汎神、農耕では、祖霊、生産神、土地神の三柱、遊牧では、一神になると論じた。

この二つの異質な発想は、実は美事に整合するもので、さしずめ、生物的生産がゼロの大都会では、既に神を養うことは不可能で、無神の極限にある、と私は勝手に解釈している。

つまり、神は進化するのではなく、生物的生産性に合わせて収斂するのであろう。ハトを、そのような比較宗教論的な視点から、その扱われ具合を見ていくと、ユダヤ・キリスト教文化の世界で、異常なまでの厚遇を受けるわけが、何となく分かるような気がする。

ところが、この平和の使者のシンボル、ハトはそれ故に、温和で、可憐であろうと期待されるのに、実情はなかなかのしたたか者なのである。K・ローレンツ博士は、ハトやウサギの争いは相手を完膚なきまでやっつけ、とどまることを知らないと報告している。食肉獣である、イヌ、オオカミやライオンなどは、戦いにモラルがあって、負けた相手を殺すようなことはしない。鳴き声のやかましさ、食害、糞による汚染、悪臭、病原の伝播など、最近、ハト公害なる言葉も取沙汰されるようになってきた。公園でのハトの群れをじっと観察すると、力の強い少数が、首を立て、身体をふくらませて、他を威嚇して歩くのが、何かというと「報復措置」を口にする欧米の大国を彷彿させられてならない。「ピースのハト」は、決して平和の失墜を象徴するのではないはず、と私は、一生懸命否定し続けているのであるが……。

男の浮気は自然公認

生命は不思議な力を内在させていて、まず、成長する。そして成熟すると分裂増殖を図る。刺激に反応する蛋白質を合成した学者がいるが、この一見生物風の蛋白質は成長も増殖もできないので、生命ではない。

生命の増殖の仕方は、植物・動物、下等・高等の違いにより、それぞれ異なったプログラムが遺伝子に記憶されていて、それに従うのが天の配剤ということになっている。

高度に進化の進んだ鳥や人間は、単為生殖はできない。「分裂増殖」には必ず異性との合体が必要で、その必要を満たすために、実に多彩なシナリオが用意されていて、その「上演」は、見ていて飽きることを知らない。近年は遺伝子操作で、異性との合体がなくてもクローンと呼ばれる人工的な植物や動物（人類も含む）が作り出されるようになったが、クローン人間の創出については、倫理的にこれを許さない風潮が強い。

ところで、オオヨシキリというウグイスの仲間の小鳥がいる。夏鳥として初夏の頃から日本に渡来し、その名の通り、葦の群落を強く選択してそこに住み、葦の葉や茎の裏に潜む小昆虫を見つけては、これを食べるのを習性としている。

オオヨシキリ

このオオヨシキリは、大きなリズミカルな声で囀るので、古くから人に知られ、『万葉集』にも歌われている。しかし、その鳴き声はいたずらに喧騒で、別名の行々子《ぎょうぎょうし》がぴたりそのままの「ギョギョシ、ギョギョギョシ、ギョギョギョシ、ケケスケケス……」といったかしましさである。しかも、繁殖前期には、朝から晩まで、晩から朝まで、終日ひねもす鳴きとおして、一体いつ寝るのだろうと思うほどエネルギッシュである。葦の茎の先端に近い部分で、斜めに構えて、天を仰ぎつつ大口をあいて叫び続けるその口の中は、鮮やかな橙紅色で、まさに血を吐くかにさえ見える。

この一見（一聴）がさつで喧騒そのもののようなオオヨシキリの囀りも、よく耳をかたむけて聴くと、幾通りかのメロディーがあることに気付くであろう。すなわち、

ギョギョシ、ギョギョギョシ、ケケスケケス……

カシカシ、カシカシ、カシカシ、カカスカカス……

ケケシケケシ、カスカス、ギョシギョシ、ケケスケケス……などである。

初めて聴く人には、これが一羽の鳥の口から出る声であろうか、と思えるほど変化に富んでいる。

実は、多くの鳴禽と呼ばれる野の歌い手たちは、それぞれの種属に決められた基本の楽譜に従って囀るのであるが、多少の編曲・変奏は許されているのである。

だから、誰もが知っているウグイスは、「ホーホケキョ」のほかに、「ヒーホケキョ」「ホホホホケキョ」の、この三種類の鳴き分けをどの個体でもしている。

ところで、こうした編曲・変奏は、彼らの生活にどういう意義を持つものであろう。

人間が、快適な環境条件で、気持ちが弾んだときには自然に歌を口ずさむように、鳥たちも、気分が良くて歌が弾むことはあるらしい。しかし、厳しい自然界にあっては、そういう悠長な「人生のひと齣」はそうそう許されるはずがない。

小鳥がなぜ囀るかと言えば、それは繁殖のためにメスを求め、そのメスが安心してヒナを育てることができる、自分たちのなわばりの確保のためというのが、定説になっている。

そこで、繁殖期のオオヨシキリのオスも、メスの誘致となわばり確保のために、懸命に鳴き続けるのであるが、もしも、素敵な彼女が獲得できれば、あとはなわばりへの侵入者を実力行使で追い払えばすむので、そうそう終日終夜鳴き続けなくてもよさそうに思う。

といった疑問は誰しも持つらしく、ヨーロッパの鳥の学者も、そういう視点からニシオオヨシキリの囀り行動を調べてみた。そうしたら、意外な事実が発見されたのである。

ニシオオヨシキリのオスはかなり広いなわばりを確保するが、その一方の端で、仮にギョギョシ、ギョギョシ、ケケスケケス……と鳴いて、配偶者を確保できたとする。メスは直ちに営巣（巣造り）を始め、同時に交尾を重ね、引き続いて産卵、そして二週間に及ぶ抱卵に入る。こうなると、オスは手持ち無沙汰で困るのであろうか？

このニシオオヨシキリのオスは、すぐに同じなわばりの反対側、抱卵中のメスからなるべく離れた場所で、今度はケケシケケシ、カシカシ、カカスカカス……と全く違った鳴き方をして、別のメスを獲得するのである。

へえー、うらやましい！　と（内心）思う殿方は少くあるまい。まことジキル博士とハイド氏ほどではないとしても、見事な変身ぶり、二重人格の行使である。

でも、平均寿命が一・五年くらいしかない小鳥たちは、このくらいまでしても、種属の維持と繁栄を図らなければならない余儀無さがあるので、このオスの浮気は、自然の神々から公認されているのである。むしろ、あわれと思うべきかも知れない。

ツッパリの原点

クジャク（孔雀）は熱帯アジアに棲む美しい鳥で、とりわけオスがその尾羽を扇子のように広げてデモンストレーションをするときの美しさは格別で、まさに鳥界の貴公子の面目躍如たるものがある。

あれでいて、熱帯のジャングルでは、あの美麗な宝珠のような文様が、木の間を漏れる陽の光の投影模様に整合して、見事なまでの保護色と化すというから自然はうまく出来ている。

でも、あの美しい宝珠が連なったような尾羽は本当は、尾ではないのである。クジャクが、羽を扇状に広げたときによく注意して見ると、あの長大な羽を後ろから支える固い羽があるのに気付かれると思う。その支えている固い羽が本当の尾羽であって、あの美しい扇状のは、鳥学の世界では「上尾筒《じょうびとう》」と呼ばれる腰の部分の羽が、異常に発達して伸びたものなのである。

クジャクのオスが、あのように美しくなったのは、雌雄淘汰の結果であるとされている。

つまり、オスはより多くの、より優れたメスを獲得するために、私はこんなに素晴らしい男性ですぞ！　と、その性的魅力を上尾筒の美しい羽毛で誇示して、メスの歓心を誘おうと努力した（？）その成果であると考えられている。だからオスは、繁殖期に入ると、メスの前でこれ見よがしに、あの羽を広げて闊歩し、ファッションモデルよろしく静かに回転し、時には体を震わせて、デモンストレーションを行う。これをコートシップ・ディスプレイというのは、メスが反応すれば、即座に交尾の態勢に入れるようになっているからである。

人間の男性も、思春期に入ると異性に対して強い関心を持つようになるが、それは究極には、接触願望を強く秘めるものであることは、フロイトやユングに拠るまでもない。心の底を解析すると、まさに然りと思い当たるであろう。だから聖書のなかの「心に姦淫するは……」云々の一節は、動物の生理の原点では、きわめて当然な自然の欲求であるし、それ故に、その否定は至難の事であり、天の摂理に反する無理無体というべき……なんていったら、聖職者にお叱りを受けるでしょうな！

だから、男子生徒が中学も三年や高校生になると、なかには髪を金色に染め、耳朶に穴を穿って巨大なピアスをつけ、ヤニを噛んで（タバコを吸って）、両手をポケットに突っ込んだまま、背を丸め、顔を突き出して闊歩する輩が出るようになる。まさにクジャクが上尾筒を広げてコートシップ・ディスプレイをしているのと全く同じなのである。

だからメス（いや、この場合は人類の女性）ならずとも、あれは素晴らしい、美しい、可愛い、と基本的に認識しなければならない。

それなのに、世の教師といわれる人たちは、目くじら立てて、このスタイルの少年を糾弾し、非行と決めつけ、校則を以て拘束しようとする。何という反自然的理不尽な行為であろう。

動物行動学的には、あの少年たちの行動は、極めて理にかなった自然の摂理に基づくものである、なんていうから、私は「先生」にはなれないのである。

非行少年と呼ばれる子どもたちは、学校が理想像と描く生徒とは程遠い立場にいる。そのために学校内では、正当派から絶えずスポイルされ「立つ瀬」がない。勉強が良く出来、スポーツが得意で、スタイルが良ければ、級友のみならず、学校全体から注目され、賞賛的にその存在を認められる。ここでは特別の自己顕示は既に必要がない。

しかし非行少年は違う。学校で認められようとすれば、嫌いで、いきおい不得意な勉強やスポーツ以外の分野で、しかも積極的に自己顕示をしなければならない。これは繁殖期のオスのクジャクが置かれた立場と同じである。クジャクの世界には、学校のような機構もシステムもないからである。そこで少年たちはヘビメタや金髪のような、目立つ身の飾り方あるいは、轟音を発して暴走する単車のような「道具」を使って自己主張するよりない。

それが、反社会的・反体制的な座標軸の上にあるから悲劇を生むのである。

尾を広げたクジャクが、その努力を報われて、素敵なつれあいを獲得したら、そのクジャクはもう無理して尾を広げなくても済む。非行少年も、その存在が社会的に評価され容認されれば、ツッパリの必要性は無くなり、「非行」は御用済みになるはずなのに……。

単一性・同質性が強く求められ、異端を許さない日本の社会では、ツッパリ少年は、年中尾羽を広げて、異性の注目と賞賛を求めつつ、空振りに終わる「尾羽打ち枯らした」クジャクに似て哀れではないか！

ためらい

日本人の同質性・均質性の強さはしばしば話題になるほど強固なものがある。絶えず左右に目配り、気配りをして、自分だけ突出することを恐れ、落伍することを危惧する。

最近の女子高校生の超ミニスカート、純白のルーズソックス、茶髪、駆け出しのアイドルのように何となく馴染まない化粧、付け睫毛、不健康な色のルージュなどなど、校則に抵抗してあえて違反しながらも、あきれかえるくらいの均質化はなんという没個性であろう。強烈な自我に基づく自己主張は、やはりためらわずにいられないのだろうか。

でもそういう我々も、はるか昔ニキビ華やかなりし頃は、ゲートルを短く巻いてズボンをダブダブにし、「ケツ鞄」と称する尻より低く下げた背負い鞄、グリースを塗りたくって、剃刀で切れ目を入れたテカテカの学帽、白く太い鼻緒の朴歯の高下駄をはいて闊歩していたのだから、今更若い人を批判できる柄ではないが、「一匹狼」的な自由業の私なぞ、制服で代表されるような均質化には相当な抵抗を覚えるもので、来日した外国人が「日本の子供はなぜ男はアーミイ、女はネイビイなの?」といったという指摘など、心から共感するものである。これは男子中・高生の詰め襟の制服、女生徒のセーラー服をいったものであるが、見事な比喩である。

この恐ろしいまでの均質性・同質性の枠を破るのは、相当の抵抗とためらいを要するのであろう。

さる年の秋、房総半島の南端に、何人かの鳥友とバード・ウォッチングにでかけた時のことである。この日は地元の宿に泊まるので、のんびりと日没まで野鳥の探索を楽しんだ。

折から渡りの季節とあって、たくさんのヒヨドリが半島の南端に蝟集し、つぎつぎと群れをなして、沖の方、伊豆の大島を目指して飛び立っていくのが壮観であった。

このときのヒヨドリの飛び立ちが面白い。渡りの衝動は生理的であり、本能のしからしむるところであるが、それでも、陸地を離れて大海原に飛び立つのは相当のためらいがあるらしい。ちょっと舞い立って海の上を飛んでは未練がましく戻ってきてしまうヒヨドリが、次々と同じ動作を繰り返して、なかなか全群が飛び立たない。

それはまさに、自分ひとりだけ異端の行動をして、群れの均質性に違反することを、ひどく気にして恐れているためらいの行動と見えるのである。どの渡りの群れにも旅立ちの際には、始めにこうしたためらいが見られるものであるが、それを突き破る強い渡りの衝動が全群に漲ったとき、初めて渡りがおこなわれる。しかし、ヒヨドリはいかにも日本人的で、群れをなして海上に飛び出したものの、暫時旋回の後にまた戻ってきてしまうことが多い。何たる優柔不断！ と歯痒さを覚えたが、そのうちとうとう全群が海面すれすれに飛んで視界から消え去っていった。

やれやれ！ 多分小学校の先生は、いつもこんな感慨を覚えているのであろう、などと話し合いながら、そろそろ我々も帰るか、と腰を上げたら、何と一度は視界から完全に消え去った群れその日は日が悪かったらしい。その間数十分は経過している。が、また舞い戻ってきたのである。

外国人が日本人の行動様式を観察するとき、こんな感慨を抱くのかな？ と思ったものだった。

鳥と音楽

音声でコミュニケーションを交わす動物は意外に多い。しかし、その多くは比較的単純な声であるが、鳥類と人類は別格である。人類は感情の表現の一助として歌うことをするし、そのために楽器の演奏もする。鳥は繁殖期になわばりを確保したり、メスを誘ったりするために複雑かつ微妙な囀りをするもので、これはとりわけ小型の鳥の世界に普遍的である。これを人は自分たちの音楽になぞらえて鳥が「歌う」といっている。

この繁殖に関わる複雑微妙な囀りを日本語では「囀鳴」というが、英語ではそのものずばりテリトリー・ソング、つまりなわばりの宣言歌という。

ニホンザルは三〇以上もの言語を持つといわれるが、「歌」というほど音楽的ではない。むしろ、オオカミの遠吠えのほうがリズムもメロディーも相応に発達しており、合唱もする。カエルも比較的音楽的な鳴き方をするが、集団で鳴いても斉唱の域を出ない。昆虫も音声でのコミュニケーションを活発に行う動物であるが、セミとキリギリス、コオロギの類が複雑な「鳴き方」をする。日本ではエンマコオロギとツクツクボウシが音楽的に優れた歌い手であると私個人は感じている。しかし、いずれも野鳥の美しく、複雑、絶妙しかも長時間にわたる鳴き方には及ぶまい。

高度に発達（？）した人類の音楽も、その原点は小鳥の囀りに触発されたのであろうといわれる。アメリカ合衆国のコーネル大学は昔から鳥の音声コミュニケーションの研究が盛んな大学であったが、その研究のひとつに面白いものがあった。それは野外で採録した野鳥の囀りの録音テープを再生の際にスピードを二分の一、四分の一、八分の一と下げて聞くのである。すると、今まで八〇〇〇ヘルツから一万ヘルツ以上もあった甲高い鳥の声が、フルートやチェロの音色のように聞こえ、さらには五線譜に乗るようにもなる。七音階にぴたりと整合するのはさすがに少ないが、十二音階なら、きれいに採譜できるものがずっと多くなる。

小鳥の声を原点に踏まえて作曲した音楽家は少なくない。レスピーギがそうであったし、パンフルート奏者のジョルジュ・ザンフィルの演奏を聴いた感じは、まさに鳥の囀りそのものであった。一九六一年六月、オリヴィエ・メシアンが来日した際に作曲した「七つの俳諧」の中に、「軽井沢の鳥たち」というのがあったが、われわれの聞き方と全然違った印象で「へぇー！　西洋の人はこんなふうに聴くの」と妙に感心した。これは「現代音楽」だからだったのかも知れない。

ヨナソンのカッコウワルツは、明るい初夏の自然を彷彿させられる、多くの人々に親しまれる曲であるが、ヨナソンはカッコウの声を長調で採譜している。しかし、本物のカッコウは、多くの場合短調で鳴いていると私には思えるのである。かつて、「百万人の音楽」というラジオ番組で今は亡き芥川也寸志氏と対談したおり、この話をしたら、「そうです。あれは短調で鳴いています」と即座におっしゃったものだった。

この話には伏線がある。私は学生時代、文化祭で、所属する野鳥研究会の出し物として、教室

カッコウ

に森のジオラマをしつらえ、多くの野鳥の標本を展示し、鳴き声を再生し、さらにムードを出すBGMとしてベートーベンの「田園交響曲」のレコードをかけたことがあった。このとき、日本の代表的な野鳥であるウグイスやキビタキなどの囀りが、何となく「田園」に馴染まないのである。馴染む鳥としてはクロツグミやアカハラがあった。

「田園」の第二楽章の終わりの部分にナイチンゲールとカッコウとウズラの声が採譜されていることは有名な挿話であるが、クロツグミやアカハラは、このナイチンゲールや西ヨーロッパに多いブラック・バード（黒歌鳥）に近縁の種類なのである。

この交響曲を作曲したとき、ベートーベンはすでに耳が遠くなって、毎回訪れたウィーン郊外のハイリゲンシュタットの森の小鳥たちの歌声は聞こえなくなっていたであろう。この音楽家は、記憶の中に録音した小鳥の声の回転数を下げて、フルートやピッコロの音色と同じレベルの周波数特性にして譜面に書き込んだらしい。

カッコウとナイチンゲールは良い。でも、ウズラは私には「アジャパー」としか聞き做《な》せないのに、ベートーベンは見事に音楽化している。まさに天才の感性というべきであろう。

コヨシキリの囀りはジャズのリズムにそっくりで、絶対ぴったり合う。それに日本の祭り囃子の「テンテンツクツ、テンツクツ」そのもののリズムで、いかにもおめでたい。

鳥の囀りには本質的に人間の音楽的感受性に強く訴える要素があるし、それは原則として明るく幸福的である。厭世詩人として高名なジャコモ・レオパルディでさえ、「鳥は最も幸福げな様相である」といっている。

II　驚異の身体システム

鵜の目鷹の目

「鵜の目鷹の目」ということわざがある。貪婪《どんらん》に我利を探し求める目つきを言うのだそうである。「ウは海中の魚を、タカは森林中の鳥獣を（中略）見つけるのだから、その目つきは異様なまでにどんらんであろう」（『世界のことわざ辞典』一九六四年、福音館書店刊）とあるが、本物のウの目は、コバルトブルーとエメラルドグリーンを混ぜたような碧眼で実に美しい。眼は真ん丸で目つきはキョトンとしており、それほど貪婪さを感じないが、これは私の身びいきかも知れない。

タカの方は、確かに眼光炯々《けいけい》として人を威圧する感がある。これには多少理由がある。ひとつは、タカの目が、頭の大きさに比べて他の鳥よりずっと大きく、文字通り目立つこと、その二番目は、両眼が割合に前方を向いていて、双眼立体視が可能なのであるが、これを正面から見ると、両眼で見つめられたような感じを与えること、三番目は、虹彩が、つまり目の色が、多くの場合黄色で、そうでない場合は眼瞼が黄色で、いずれも目の存在が際立って見えること、四番目は、目の上部にひさしのような突起があって直射日光をさえぎるようになっているが、これが、軍人がつばのついた帽子を目深にかぶったような感じで、やはり人を威圧する感じを与えることなどである。

私は精悍、高貴、孤高などの感じは受けるが、貪婪さはあまり感じない。しかし、これはまさに「鳥屋」を自任する私の身びいきであろう。

昔、寺田寅彦は、工業大学蔵前新聞（昭和九年九月）に「とんびと油揚」という随筆を寄せ、その中で、高空を舞うトビがネズミの死体を見つけるのは、ネズミの死臭を上昇気流によって嗅ぎ取って認知するのであろう。なぜならば、トビの高さを一五〇メートル、ネズミの体長を一五センチメートル、トビの目の焦点距離を五ミリメートルとすると、網膜に映じたネズミの結像は五ミクロンとなる。これが死んだネズミか石塊であるかを弁別するには、〇・五ミクロンの尺度で形態の異同が判断できる必要があるが、これは「はなはだ困難であることが推定される」。だから嗅覚にたよるのであろう、と言っている。

これは、一見理路整然として、高い説得力を持った推測ではあるが、寺田さんは、物理学者であるがためか、生体の機能を人間並に解釈しておられたらしい。この文章は、決して断定はしておらず、徹頭徹尾推定で書いているのであるが、重大な見落としをしているのである。

今、鳥の学問では、ワシ・タカ類の視力は、人間のそれの五から八倍くらいはあるとしている。

そのひとつの理由は、網膜部位での単位面積当たりの神経細胞の数が、人間より絶対的に多いのである。すなわち、人間で二〇万個くらいの視細胞が、同じ部位でタカの場合は一五〇万個も数えられるのである。また眼球のレンズの厚みを瞬時に変化させ、無限遠から二メートル先の虫の卵を発見できるまでの高性能のズームレンズを持ち、さらに驚くことは、眼底部に櫛状体《しつじようたい》と呼ばれる、一種の増幅器を具えていることである。

寺田さんは、自分の推測による仮説に対して、「鳥学者の教えをこいたい」と結んでおられるが、当時はまだ、このような研究はなかったらしい。

ウの目について、このような〝鳥類眼科学〟（？）的なデータは残念ながら見つからない。しかし、私の雑駁《ざつぱく》な観察でも、ウミウは、あまり透明度の良くない三浦半島近海の水深七〇～八〇メートルほどまで潜水して、魚を捕えて浮上するのであるから、並の眼玉でなさそうなことは容易に推察できよう。

面白いことに、三浦半島の南端、城ヶ島の本《ほん》の下《した》断崖に、毎年一〇〇〇羽ほど越冬のために渡来するウミウは、背広を着た都会からの観光客と、地元の漁業者とを見事に識別するのである。

これは、背広人種が、ウの群れにビール瓶をぶつけたり、やたらに望遠レンズで追いまわしたり、ウにとっては極めてアメニティの悪い環境要素であるのに対して、地元の漁民の人々に対しては、ともに魚を求めて、それを業《なりわい》とする生活が、深い親近感と信頼とを生んだ結果らしい。ウミウは全く恐れないのである。実際に、城ヶ島の染羽彦十郎翁は、硯突漁《ぼうちよう》のとき、ゴンズイという魚を突いて、これを近くを泳ぐウに投げ与えたら、若いウは平気でそれを受けて食べてくれたと、私に語ったことがある。

「鵜の目鷹の目」のニュアンスを、私は、ことわざ辞典のそれとは相当異質なものと感じとっているのである。

渡り鳥の燃料消費率

アメリカの西海岸から帰国するべく直行便のジャンボジェットに乗ったら、パーサーと向かいあわせの座席であった。どちらからともなく話がはずんで、私の方は、全く異質の世界の興味ある事実を数多くうかがって飽きることがなかった。

この折、航空燃料を満載した飛行機は、始め低く飛び、徐々に高度を上げるという。空気が濃い低空の方が、浮力が大きいので燃料の節約になるのだという。偏西風にさからう東から西への飛行の方が大変であるというのは、私の常識でも肯首できた。

成田空港からアメリカへ向かうジャンボジェットB747が燃料を満タンにして飛び立つときの全重量が三五二トン、一万一千キロメートルを無着陸でアメリカの西海岸に到着したときが二五五トン、結局九七トンの航空用ケロシンを消費したわけであるが、これが、全重量の二八パーセントに当たるという話はとりわけ面白かった。

というのは、アメリカの生態学者、E・P・オダムの計算によると、渡り鳥は、体重の二七パーセントの脂肪蓄積で九五〇キロメートルを無着陸で飛ぶことが可能であるという。それを、さらに上手に使えば、最高二五〇〇キロメートルを、ノンストップで飛べるという。

巨大なジャンボジェットと、小さな渡り鳥とを、たまさかその燃費のパーセンテージが似ているからといって、飛翔距離も違うのを、同列に比較するのは暴挙に等しいかも知れないが、近代科学の粋を凝らして造られた精密機械の権化のようなジェット機が、一億五千万年も昔から地球上にあらわれていた鳥類に、かろうじてスピードや航続距離で勝るようになった、と考えると、何となく微笑ましくもあり、情けなくもあり、まさに微苦笑せざるを得ない。

ところで、キアシシギという、脚が黄色くて、およそムクドリ大の渡り鳥がいて、日本の海岸や河口では、渡りのシーズンにはごく普通に見ることができる。

鳴き声の美しい鳥で、清涼という言葉を音にたとえたら、このキアシシギの鳴き声が、最も似つかわしいのではないかと私は思っている。とりわけ、月明の夜半、沖の中洲で仲間同士が鳴き交わす声は、幽玄そのものといった美しさである。

この小さな鳥が、夏期シベリア東部で繁殖し、冬期は、直線距離でも一万キロメートルは優に越えるオーストラリアまで渡って行く。

無論、地図も航空標識もない。行く先々の干潟や河原が空港となり、そこで休み、採餌して体力を回復して飛び去っていく。

アメリカの西海岸には、日本のキアシシギと外見が酷似したメリケンキアシシギがいる。ちょうど対照的に、太平洋をはさんで南北に移動する鳥で、繁殖地はベーリング海峡で隔離されるが、越冬地の中で、オーストラリアの東部では、日本のキアシシギと混在する地域がある。それゆえか、時に日本のキアシシギに混じって渡来することが少なくない。このメリケンキアシシギは、一グラムの脂肪で九〇キロメートルを飛ぶというからすごい。ガソリン一リットルで九〇〜一〇〇キロメートル走行するゼロハンの単車（ホンダのシャリイクラスが、このくらいの定地走行になる）と比べると驚くほどすぐれた燃費ではないだろうか。だから、キアシシギと同じくらいの大きさのツグミが、六四〇キロメートルもの日本海を、時速四〇キロメートル、約一六時間の飛翔で一気に渡り切ってしまうのも、彼らにとっては、それほど苦になるものではないらしい。

昔の人は、成人男子で一日に四〇キロメートル歩くのは普通であった。忍者は一日一〇〇キロメートルが標準で、上忍は一五〇キロメートル歩いたという。

今でも、マサイの人たちは、一日に一〇〇キロメートル歩くというのを、マンという文化人類学者が報告している。ケニアに何年かいた私の友人に、この話の真偽を問うたら、マサイの人は、牛乳に牛の血を混ぜた、「液体燃料」（？）を革袋に詰め、歩きながらこれを飲んで、早朝から夕方遅くまで、一六時間ぶっ通しで歩くという。これなら一〇〇キロメートルも可能であろう。たいしたものだと思うが、鳥はそれ以上に偉いと思って尊敬せざるを得ない。

ところで、これら一連の話は、数値が似ているだけで比較の基準が全く整っていないので、サイエンスの体を成していない。それなのに鳥は偉い、などといえば、物理学者や機械工学畑の人々の冷笑が目に見えるようである。しかし、現代の科学が、生命系、それもとりわけマクロな生態系や地球的規模での理解に極めて弱いのを省みると、世の中、人類より偉いのが幾らでもいるのですぞ、とひとこと言いたいのである。

左右非対称

多くの動物には身体に正中線というのがあって、この線を軸として左右が対称なのが普通であると、われわれは認識することが多い。でも、動物の中には必ずしも左右対称でないものもある。たとえば、巻貝がそうである。全く不定型の動物もいて、イソカイメン（磯海綿）がそうである。またヒトデやウニのように中心点から放射状に相称形の動物もいる。さらには、基本的には左右相称であるが、何らかの理由で身体の一部が左右非対称の動物がいる。たとえば、シオマネキ（蟹）やテッポウエビは片方の鋏（正確には鉗脚）が異常に大きい。

人間をも含む脊椎動物は基本的に正中線を持ち、左右対称であるのが普通である。でもフクロウ類の耳は、実は左右非対称なのである。外見は羽毛で覆われているので一見対称に見えるが、その羽毛をわけて見ると、耳孔とその周囲の形は著しく異なっている。

鍛冶屋さんの利き腕、プロ野球の投手の利き腕はいずれも反対側の腕より、長く、大きく、太くなっているもので、これは多年にわたってその腕を強力に用いる余儀無さからそうなったものである。フクロウ類の耳も物音を聞き取るための能力を高めるためにそうなったものと考えられている。夜間、暗い中で活動し、獲物を捕らえなければならない猛禽のフクロウ類は、そのために特別に発達した身体の機能を幾つか具えている。そのひとつは暗くてもよく見える目である。フクロウの網膜には錐状体と呼ばれる微弱な光をよく感じとる特殊な神経細胞が一杯あって、ほんの微かな星明り程度の光があれば、対象を視覚で捕らえることが可能になっている。第二には、その微弱な光が全くない状況下でも鋭い聴覚で、獲物の出す音を感知してこれを襲うことが可能である。さらには、飛ぶ時に羽音を出さないように、羽毛の構造が特殊に仕組まれている。

この第二の、音だけで獲物を感知するのに鋭い聴覚を具えているのは当然のこととして理解できるが、それならばなぜ、左右の耳の構造が、形態的に異なっているのであろう。

これはどうも音源の位置を正確に把握するために役立っているらしい。耳の構造が違うために、左右で音波の捕らえ方も違ってくる。そこで逆算（?）して、音源を指向するとその交点が正確な音源の位置になるというわけである。

実際に、フクロウを全く光を遮断した真っ暗な部屋に入れ、鳴き声だけを頼りに獲物を襲わせる実験をしたら、その音源への誤差はわずかに横に一度、前後に〇・五度、七・七メートルの距離まで可能であったという、ペインという学者の研究がある。

我々が小さな微妙な音を聞き分けるとき、しばしば「耳を傾けて」これを聴取しようと試みるものである。この仕種はほとんど無意識におこなわれる自然な動作であるが、これは、耳を傾けることによって、左右の耳に入る音源からの音波の差異を感知し、これから逆算（?）して音源の位置を知ろうと努力しているわけで、左右同じ形の耳を傾けることによって、フクロウの耳と同じ機能を発揮させようとしているのである。

また、小首をかしげるのは、思考するために脳の機能を高める働きもあるらしい。それゆえか、ほかの鳥に比べると、ちょこまか動かず、悠然と構え、身じろぎもせず、ときに小首を傾げて獲物を探査するフクロウを、思索のシンボルとしてとらえ、これを知恵の女神ミネルバの使者と認めたギリシア神話を我々は深い共感をもって容認できるのである。ミネルバはアテネの町の守護神であったので、アテネで発行されたコインの図柄はフクロウであった。余談になるが、このコインは銀の純度の高さでも有名である。

フクロウは耳を傾けなくても済むように、左右の耳が非対称の構造を持つのであるが、それだけではなく、首が自由自在に回るのである。首を回す能力はトラフズクで水平に二七〇度に及び、これを一瞬のうちに元に戻すことができる。また顔面を時計の針のように回転させる妙技も可能であり、ほとんど真っ逆様にできる能力の持ち主でもある。もともと、人間のように発達した顔面につく大きな目で双眼立体視が可能な能力を持つことに加えて、双耳立体聴（？）が可能でもあるので、どんな暗闇でも、獲物を襲うのに苦労しないというわけである。

問題はその獲物がいるかいないかにかかるわけで、近年、フクロウ類が著しく減少してきているのは、こんな優れた能力が「宝の持ち腐れ」になっている自然の荒廃と、それに伴う獲物の絶対量の不足が、その大きな要因であることに間違いはない。

昼でも飛べる夜の猛禽

フクロウの目が暗闇を透視する能力は大変なもので、ほんのわずかな星明かりさえあれば、見えないものはないらしい。

本当は、フクロウの目を人間の視神経につないで、どんな具合に見えるか、実感すればよいのだが、今のところそれは不可能である。ただ、幾つかの観察や実験によって、その能力のすばらしさは十分に実証されている。

その代わり、昼間はまるっきり目は見えない、と多くの人々が信じこんでいるが、何の何の、昼間でもけっこう見えることは見えるのである。

かつて夏の午後、まばゆいほどの陽光の中で、アオバズクというハトくらいの大きさのフクロウが一直線に飛んできて、さっと電線に止まるのを見て、あっと驚いたことがある。フクロウのくせに〝猫をかぶって〟何たるカマトトぶり、としばらくは開いた口がふさがらなかった。

本物のフクロウは、ニワトリくらいの大きさで、その目玉ときたら、まるでビー玉をはめこんだくらいに、真ん丸で大きいのであるが、このフクロウも、けっこう日中に飛んで、物にぶつかったりしたためしがない。

しかし、さすがに自ら好き好んで積極的に飛び回ることはしない。

実は、暗闇に適応し過ぎた目は、昼の明るさがまぶし過ぎて耐え難いのであろう。だから、映画のロケなどで、夜間の感じを出すのによく用いられるニュートラル・デンシティ（ND）・フィルターとか、テレビタレントのタモリ氏のようにサングラスでもかけたら、フクロウの行動時間はずっと延びて、獲物もうんと捕れるであろうが、当然ながら、労働時間の延伸から過労をきたして、健康を損ねたり、事故を起こしやすくなったりするであろう。

鳥の世界のことであるから、勿論、労働基準法違反をとがめられることはないが、その代わり、超過勤務手当も出ない。

そして、昼も自在に飛び回るということになると、昼の猛禽であるワシ・タカ類のなわばりを侵して、いろいろなトラブルが起こることであろう。

フクロウやワシ・タカのような大柄な猛禽は、その生活を支えるのに莫大な数の小動物が必要で、例えば、ハイタカというハト大のタカ一羽の生活を支えるのに、シジュウカラ級の小鳥に換算すると一年間に七七九羽（日本鳥類保護連盟の計算）、ほぼ同じくらいの大きさのアメリカチョウゲンボウでは、一年間に二九〇匹のネズミが必要であるという学者の計算もある。それに食物連鎖（食う食われるの関係）の中での、エネルギーの逓減は、鎖が一節移るごとに、一〇分の一ずつ目減りするというから、猛禽や猛獣の生活は、我々が考えるよりも遥かに厳しいのである。

だから、同じ猛禽でも、フクロウとワシ・タカが昼と夜と生活の時間帯を分けたのはまことに賢明であって、フクロウが昼間目が見えない方が、お互いの平和と安全のために良いのである。

コミミズク

しかし、世界中に一三六種類もいるフクロウ目《もく》の鳥の中には、昼間でも平気で、なんの屈託もなく飛び回るのがいるもので、日本ではさしずめ、コミミズクがその代表である。

コミミズクとは、小さいミミズクではなくて、小耳（耳羽）を持ったミミズクの意で、大きさはカラスとハトの中間くらいであろうか、かなりの大きさである。

これは、冬鳥として日本に避寒のため渡ってくる鳥で、あまり数は多くないが、開けた河原や埋立地などに居ついて、ネズミを襲うのを業《なりわい》としている。

昔、文部省唱歌のひとつに「冬景色」というのがあった。「さ霧消ゆる湊江《みなとえ》の　舟に白し　朝の霜」。なかなかの名曲であるが、このさ霧が消えない気象条件が、コミミズクのお気に入りらしい。だから大都会を貫流する大きな河の河川敷がスモッグで被われるようなとき、コミミズクは、何の危なげもなく、さっそうと羽搏いて、滑空を交えて飛び、獲物を探し求めるのである。

コミミズクは、夏、北極圏でヒナを育てるが、白夜のツンドラ地帯と、冬の日本の河原の枯れた葦原の景観とが、霧に閉ざされたような状況の時、まことにうまく整合するらしい。コミミズクは、ことによると故郷が恋しくて、飛び回るのかもしれない。

エクリプス

カナディアンロッキーでは、国道に車が止まっているときは、大型のけものが出ていることが多い。とりわけアメリカクロクマは人気がある。本当は、路傍で観光客に媚を売って、食物をせしめようとするいささか野生から堕落しかけた怠け熊なのである。国立公園の管理官は「食物を与えないように……」と戒告するのだが、以前はあまり守られていなかった。

ある時、美事な金髪を背中まで垂らした女性が、車から出て熊に近寄り、手ずから餌を与えようとした。「危ない!」何と向こう見ずな娘であろう。相手は全く野生の、しかも、一応は大型の食肉獣である。人々は、危惧と好奇心と、ある種の期待を持って、事のいきさつを注視した。しかし、実際は何事もなく、この人は、手にしたパンを熊が口で受け止めると、踵《きびす》をかえして車に戻ってきた。その時であった。我々一同の口から驚きの声が、異口同音に上がったのは……。何と、この「女性」は、鼻下にも美髭を蓄えた男性だったのである。

都市文明のせいばかりではないかも知れないが、近年は、服装や髪の形などによる男女の性差が著しく乏しくなった。

子どもは本来、あまり性差のないものであるが、社会の慣習や、親の「お仕着せ」でかなり幼い頃から、衣服で男女を区別できるものである。それが、最近では、小学生の女児が、男児と同じジーンズのパンツを穿き、男児は頭髪を長く伸ばすので、外見で区別し難いときがある。ほとんどの場合、履物で区別が可能なので、女の子でも、完全な男性化には、そこはかとない抵抗があるのかも知れない。中学、高校では、性の意識が強まるためか、服飾による性差は顕著である。しかし、青年期で、いささか反体制的なヒッピーまがいの人々、あるいは、社会の規範から解放されるレジャータイムなどには、前述のカナダの青年のように、性差のない服飾を楽しむ男女が少なくない。

鳥の世界にも、羽毛や体色などで、性差のはっきりしているものと、とてもわかりにくいものと、一見全然区別できないものとがある。『詩経』にいう「誰か鳥の雌雄を知らん」などは、その良い例であろう。

猛禽（フクロウ類も含む）、カラス、スズメ、ハト、ウグイス、ヒバリ、カワセミ、ツル、シラサギ、ハクチョウ、ウ、カモメ、アジサシ、ミズナギドリ、アホウドリなどではふつう一見しただけではまず雌雄の区別はつかない。繁殖期にオスが囀ったり、特異なコートシップ・ディスプレイをするのを手がかりに、専門家は区別するが、それでも、一羽だけ、単独に提示されたら、解剖でもしない限り、専門家でも、その判別に迷うことが少なくない。

オスが美しく粧うのは、雌雄淘汰の結果とされている。繁殖期に、オスがメスを獲得する手段のひとつとしてこうなったものである。

だから、その役割を終えれば、自然の中で、やたらに目立つ必要はないし、時には危険でさえ

カモ類のオスは繁殖期に美しく粧う。図はハシビロガモのオス（左）とメス。上がエクリプス。

あるので、オスもメスと同じような地味な羽色や模様に衣替えするものである。

その典型を、オシドリに見ることができる。オシドリのオスは、秋から春にかけて美しく粧うので、昔の中国の後宮に権勢をほしいままにした宦官《かんがん》になぞらえて、mandarin duck と呼ばれている。そのオスのオシドリも、夏は、メスと全く区別がつかない羽毛にかわり、僅かに赤い嘴にオスの片鱗をとどめる程度である。

秋になると、オシドリのオスは、再び美しい粧いをとりもどすべく、羽毛を少しずつ変え始める。

そのような状態のオスのオシドリは、何ともえたいの知れない模様を呈するので、相当に目の効くようになった野鳥愛好家でも、甚だしいとまどいを覚えるものである。バード・ウォッチャーたちは、これをエクリプス（eclipse）と呼んでいる。

エクリプスは、オシドリのオスに限らず、秋から冬にかけて美しく粧う多くのカモ類のオスに共通する「衣替え」の過渡期に見られる現象である。ベテランのバード・ウォッチャーは、ここで大いに力量を発揮してこれを弁別し、初心者から賞讃と羨望の視線を集めるわけであるが、エクリプスとは実は、日蝕や月蝕のような天体の蝕現象を指す言葉である。これはまた、光を失うとか、おおいかくすという意味もあるので、転じて、人を惑わすこの時節のカモ類のオスの特異な羽毛の状態を指すようになった。

人類の方のエクリプスは、時と所を問わないようである。

にわとりのジョナサン

鎌倉の源氏山公園では、しばしば、放し飼いの和鶏を見かけることがある。幼いときから八幡宮の堂鳩を追いかけ廻して育ってきた子どもたちが、この和鶏を黙って見過ごすはずがない。たちまち、摑まえようとして追いかけ始めるが、このような光景を見ると、狩猟本能というのは、本当にあるのかな、と信じたくなってしまう。

私は、こういう子どもたちに「摑まえられるかな？　十分以内に摑まえられたら、ジュースでもコーラでも好きなものをおごってあげよう！」とけしかけることにしている。

これは子どもたちの士気を鼓舞するのに大いに役立つらしい。「よし、ぼく貰った！」と、独占の宣言をして、独りで追いにかかる子どもが、まず出るものである。

ところが、敵もさるもの、右に左に逃げまわって、ひとりではとても手に負えるものでない。そこで、彼は、賞品の独占を断念して、「おい、君！　そちらから追ってくれないか？」と仲間に呼びかけるのも毎回同じである。考えてみると、単独狩猟をする食肉獣のレベルから、共同狩猟をする原人の段階に進歩したことになる。二人が三人、四人と増えても摑まらない。棒を持ったり、石を投げたりして、見事に旧石器人と化して追いまくるようになる。

そのうち、作戦参謀のようなのが出来て、「それ、右から追え、左側の逃げ道を抑えろ」などというようになると、まさに縄文人である。

作戦が功を奏して、崖際に追いつめて、いよいよ、ワン、ツー、スリーで、一斉に襲いかかって、押え込もうとするが、その瞬間、このニワトリは中天高く舞い上って、遥かな谷底を目ざして飛び去ってしまうのが落ちである。

実は、このニワトリ、毎年、シーズンになると、遠足に来た学童たちに追いまわされて、鍛え抜かれているので、ただ者ではないのである。まさに、S・ワインスタインとH・アルブレヒトの書いた『にわとりのジョナサン』こと、ジョナサン・シーガル・チキン顔負けのしたたか者である。

私は、それを知っているから、子どもたちと賭けをしても、まず負ける心配がない。毎度ながら飛び去るニワトリを茫然自失して見送る子どもたちの顔が、何ともおかしくもあり、可哀相でもあり、そして可愛らしい。

ニワトリもかつては飛べたのである。現在も熱帯のジャングルに住む野鶏は、直線距離で二〇〇メートルは飛ぶという。

長年人に飼われたニワトリでも、この源氏山公園の和鶏のように、半野生の生活を送り、しかも、絶えず学童や観光客に追い廻されていると、いつしか野生の能力がよみがえって、再び空を飛ぶことが可能になるらしい。

飼われたニワトリの最長飛翔距離は、九五メートルから一〇〇メートル以上に及ぶと記憶している。

『にわとりのジョナサン』は、リチャード・バックの『かもめのジョナサン』のパロディであるが、それでも主人公のジョナサン・シーガル・チキンは、かもめのジョナサンにあやかって、刻苦勉励し、ジェット旅客機に伍して、三万五〇〇〇フィートの高空を高速で飛べる能力を体得し、ケンタッキー・フライドチキンのために囲われた同胞を救出に行くのである。

家禽のニワトリが、野生にかえることは、それなりに結構なことであろう。

問題は、今やニワトリ一羽も摑まえることが出来なくなった人間の……というより、この場合は、日本の都会っ子の能力である。

近頃の子どもたちは、体位体格の発達が著しく、とりわけ手足が長い。しかも、胴長短足の両親を追い越して、短時日に背丈が伸びるようになったので、文字通り「長足の進歩」である。

これは、快適で、便利な都市環境の影響力が、親からの遺伝的影響力を上回ってしまったものと見られるが、さて、この子どもたちが、まっすぐ駈けられない、駈けるとすぐ転び、転ぶと顔面制動をしたり（手で庇えない）、簡単に骨折したりする。背筋力も重心安定性も、眼瞼反射も劣化し、肥満体が増え、生卵が割れない、鉛筆が削れない、紐が結べないのだから、ニワトリが摑まえられるはずがない。

これは、まさに都市文明に毒された自己家畜化現象そのものではないだろうか。家畜は原則的には、原種より大きくなり、きれいになるものである。家禽が野生化し子どもが家畜化して、ブロイラーのように弱々しく肥満するのは、笑ってすませられることではないと思う。

夜鳥の正体

ぬばたまの闇夜を往くとき、突然、頭上からクワーッとカラスの鳴き声が聞えてくることがある。少しでも野鳥に興味を持つほどの人であれば、カラスの声とは明らかに違うことが分かるのであるが、一般の人は、この声を夜烏のものと信じて疑わない。

実は、この声の主、ほとんどがゴイサギである。ゴイサギは夜行性で夕方うす暗くなると塒《ねぐら》から出て、一晩中活動し、明け方早々に塒に戻るという日常を送っているが、夜間飛翔中に、しばしば、クァッとかクワーッとかいった感じの声を発する。この声は、ほとんど飛翔中にのみ聞こえるので、仲間同士のコミュニケーションをはかるためか、あるいはエコロケーション（音波探信）の役割を果しているのかもしれない。それかあらぬか、たった一羽で飛んでいるときも、間歇的に鳴き続けることがしばしばである。

初夏の夜空を、たった一声鋭く鳴いて天空をよぎるホトトギスの声は、昔から人の心を深く揺さぶる感傷性を具えていたせいか、多くの歌よみに詠まれている。ひとかどの詩人と目される人ならば、一度は、この暗夜の杜鵑《とけん》の一声をものしなければと思うのであろう。その焦りがたたって、東京在住の、その道ではかなり名の知られた歌人が、このゴイサギの声を、ホトトギスだとばかり信じて疑わなかったという話がある。鳥聖・中西悟堂師に指摘されて、はじめて気がついた、という話を、私は生前、中西先生から直接伺ったことがある。

何とも罪作りなゴイサギではあるが、実は、本当のカラスも夜鳴くのである。これについては中唐の詩人張継の有名な漢詩「楓橋夜泊」にもうたわれている。すなわち「月落烏啼霜満天　江楓漁火対愁眠　姑蘇城外寒山寺　夜半鐘声到客船」がそれである。私はこの詩は、明け方のカラスの塒立ちを詠んだものと勝手に解釈していた。霜があたり一面に降りるのは一日の中で最も寒くなる日の出直前であるし、その頃、月が落ちるならば、これは満月の頃であろう、と一応「科学的」な理屈をつけていた。

ところがある時、高校の漢文の先生から、本当にカラスは夜鳴くのでしょうか、カラスは昼行性のはずなので、これは「月は烏啼（と呼ばれる山）に落ちて……」と解釈する人もいます。本当はどちらなのでしょう、と問われたことがあった。

改めて、よく見なおすと、「夜半の鐘声客船に到る」とあるではないか、そうなると、この月は月齢七日頃のいわゆる上弦の月であって、このカラスは、完全に夜中に鳴いたことになるのである。因みに、先般訪中の折に、中国の人に烏啼山の話をしたら、そのような山はない、との返事であった。

注意して聞いてみると、カラスは夜でも鳴くのである。それも塒の近くでは、時には驚くほど数しげく鳴くものである。例えば、私の野帳には、一九八一年一月十六日二三時五〇分、拙宅に隣接する森の上空を、一羽のカラスが鳴きながら西から東へ飛んだ、とある。この夜は、月齢十一ぐらいの月が煌々と照っている明るい夜であった。

実は、漢文の先生の照会があって以来、夜行性の私は、夜半極力聞き耳を立てて、カラスの鳴き声に注意を払っていた。それと共に多くの鳥友にも、この話をして、観察の事例があったら教えてくれるように依頼したものである。そうしたら、かなりの記録が寄せられてきたが、とりわけ、塒とその近辺、それに月明の夜には、単に鳴くだけでなく、鳴きながら飛び回っている例が少なくないのである。

カラスの研究を多年続けられている山階鳥類研究所の黒田長久博士の観察では、夜半、どうした関係か、独りで遅れて塒に戻ってきたカラスは、塒に入る前に、必ず鳴き声を発するという。遅い帰着を知らせるのか、あるいは、門限を過ぎてからの塒入りに了承を求めるものであるのか、何となく、鳴く方のカラスの心情が分かるような気がして微笑ましい。

こうしてみると、張継も、私と同じような夜ふかし型の人間で、夜半深更に及ぶとともに、目が冴え、耳はとぎすまされたように緊張して、たとえ針一本落ちる音とて聞き逃さないほど調子づいて、詩作にいそしんでいたのかもしれない。

夜盲症のことを俗に鳥目というくらい、一般に鳥類は夜は目が見えなくなるので、活動はしない。ごく一部にフクロウやゴイサギなどの夜の鳥がいるとされているが、知恵の発達したカラスは意外に夜にも強いらしい。夜烏とはよくも言ったものである。

青空をすべるサシバの渡り

一般の人々には馴染みが薄いかも知れないが、サシバというおよそカラス大のタカがいる。以前は都市近郊の里山に夏期いくらでも見られたが、その頃、日本の多くの人々は野鳥などに関心を持たなかった。

近年は、サシバの変った習性がテレビで紹介されて、それが秋の渡りに関係するものなので季節の風物詩として徐々に定着する傾向にあり、バード・ウォッチャーの急激な増加と相まって、サシバの知名度も高まってきた。

その習性は、愛知県の伊良湖《いらご》岬で毎年十月上旬に観察されるのだが、晴天の日の午前中に発生する上昇気流に乗って天空高く舞い上がり、その高度差を利用して、滑り降りるように滑空して南に向かうというものである。しかし、そのサシバは、後に述べるような理由で激減し、サシバの名前を耳にしながら、その姿を見る機会は驚くほど少なくなってしまった。

伊良湖岬では、そのサシバを何千羽という数で見ることができる。何日か頑張って合計すれば、万の単位も決して夢ではない。またここは、島崎藤村が、明治三十四年に発刊した詩集『落梅集』の中にあった詩に大中寅二が作曲して、昭和十一年七月十三日よりＪＯＡＫから東海林太郎

サシバ

91　青空をすべるサシバの渡り

によって歌われた国民歌謡「椰子の実」の舞台となった場所でもある。

例年十月上旬になると、全国からいささかお熱の上がったバード・ウォッチャー、とりわけワシ・タカマニアが、続々と伊良湖岬に集結する。そして早朝から戸外に立って、大空を見上げて期待のこもったまなざしを天空の端から端へとなめまわすように投げかけるのである。

その頃、時を同じうして（と言っても本当は、人間の方がサシバに合わせているのであるが……）本州中部以北のサシバが、まるで恒例の全国大会でも開催するかのように、ここ伊良湖岬に続々と集結してくる。

そして頃合を見計らうと、南西の方角に矢のように天翔けて姿を消して行く。こうして、この季節、毎日数百数千のサシバが南の方へ旅立つのを、地上では、数十人のバード・ウォッチャーが放心したように仰ぎ見て、感激するのである。誰しも長時間上を見ていると顎がゆるんで、心ならずも口が開いてしまう。だから、傍から客観的にこのありさまを見ると、サシバよりも人間の方が何とも異様な状況として目にうつるからその方が、よほど興味深い。

サシバのような猛禽は、瞬発力は驚くほど大きなものがあるが、持久力に欠けるようである。小型の渡り鳥が、ひたすら羽搏いて飛んで行くのに、そういうことの苦手なサシバは、上昇気流に乗って高く上がり、その落差を利用して滑空するわけである。滑空ならば、両翼を広げているだけで、羽搏かなくても良い。

スキーヤーがリフトに腰かけて頂上まで運び上げられ、ひたすら滑り降りてくるのに似て、随分不精ではあるが、なかなか頭脳的なやり方ではないか。この方式は、ひとりサシバだけでなく大型の猛禽で渡りをするものには常套的な手段であるし、コウノトリやツルのような大型の渡り鳥もこれを真似ている。

しかし、伊良湖岬から対岸の志摩半島までは、直線でざっと一八キロメートルの距離があり、いかに高空から滑り降りるとはいえ、全長わずか四九センチメートルのサシバでは、一気にひと飛びというわけにはいかない。幸いなことに、この水道には、沖合に北東から南西にかけて、神島、答志島、菅島などの島々があって、その上空にも上昇気流が発生する。サシバは、これを上手に捕えて、再び中天高く舞い上がっては、滑降を繰り返せばよい。紀伊半島を横断して、加太付近から紀淡海峡を渡るときは、地ノ島、友ケ島、沖ノ島がある。四国を横断して、西端の三崎半島佐田岬から豊後水道を渡るときには、高島が中継基地の役割を果してくれる。

九州の南端、佐多岬に至ると、これから先は大変である。点々と連なる薩南諸島と南西諸島は、ざっと本州に匹敵する長さがあり、とりわけ慶良間《けらま》諸島から宮古島までは、約一二〇キロメートルの海上に島影ひとつない。不精なサシバも一生懸命羽搏いて飛ぶしか方法がないのである。精根尽き果てて島に辿りついたサシバを、昔は島の人々が手捕りにして食べたという。

当時、島の人々にとっては、天の恵む重要な蛋白源でもあった。やがて、保護されるようになったが、今度は、台湾で乱獲され剥製の原料として、塩漬けにされた生皮が日本に輸出されるようになって、サシバは激減してしまった。一九八〇年に日本がワシントン条約を批准してからは取締りが厳しくなったが、そのような哀れなサシバの剥製を、権力や威力の象徴として床の間などに飾る人の気が知れない。

腸管短縮

欧米のいわゆる文明の先進国を旅行するとき、しばしば、超肥満の人を見かける。とりわけご婦人に多いようだが、小さな足に元大関のコニシキ氏のような巨体をのせて、独りでは歩けないので介助者がついて、そろりそろりと、それでもダイエットのためであろうか、散歩（？）をしているのを見かける。いつか同行した医学博士が専門家であったので、「あれは、食後のデザートがいけない。たっぷり飽食したあとの、アイスクリームとショートケーキでしょ。太らないほうがおかしい。だけど、あの人たちは、それを我慢することができないのです。だから……」という「解説」をして下さったことがある。

デモクラシーは「自由」を尊重するが、それが自制のない我利我執の主張に陥り、節度や自律に乏しい「共時的」思考に堕落しがちなのが、大きな欠陥である、と環境倫理の世界では指摘する。共時的とは、そのとき限りの後先を考えない在り方をいう。どうもデザートのショートケーキやアイスクリームをどうしても自制できないのは、暖衣飽食し貧しい国々の人々の五〇倍もの資源・エネルギーを消費する近代文明社会の「業《ごう》」なのかもしれない。

共時的思考に対して経時的思考というのがある。時の流れに従って、後先のことを考えつつ……という在り方をいう。でも、共時的思考は、具合が悪ければ、直ちにそれへの対応策を考えるに極めて柔軟である。だから肥満に対しても、いろいろな対応策が考えられていることは周知の通りである。中でも、極めて直截的なのが、外科手術による対応策である。その一つは、蓄積した皮下の脂肪を、外科手術で撤去する方式である。

いかにも「泥縄」的であるが、相応の効果はある。次いで、多少予防的措置として考えられたのが腸管の撤去である。栄養を吸収する小腸を短くすればよかろう、ということで考えられた。いずれも、反自然、不自然極まる措置なので、反動は当然ながら大きかった。

脂肪の撤去は、当然ながら予後がよくない。腸を短くすれば、これは鳥と同じ状況であるので、頻々とトイレに行かなければならない。

実は、鳥は、空を飛ぶためにか、腸管がわれわれに比べて特段に短い。その分、排泄の頻度は高いし、絶えずものを食べなければならない。しかし、老廃物を体内に貯留することがないので、いつも健康でフレッシュである。若い女性や美容業界の人が飛びつきそうなメリットがある。私が師事した鳥界の長老も、「人類も、鳥のように腸を短くすれば、いつも健康で長命が可能であろう」と、欧米の腸管短縮手術が開発される以前から、そう喝破なさっておられた。しかし、実際行なってみると、予測しえなかった障害が続出した。それに、実はサギやカワセミ、ウ、カモメ類などの水鳥と猛禽類（フクロウ類も含む）の鳥は「総排泄孔」を持っていて、「大」と「小」を一緒に済ませてしまうのである。因みにカモやガンの類は固形の糞をする。

腸管の撤去はやはり弊害が多いということで、今は、その回路をバイパス方式で短縮する手術が行なわれている。

ニューヨークの国連ビルで、アメリカのご婦人たちが「エアロビクス」をしているのを見て目を見張ったインドの人が「何をしている？」「かくかくしかじか」というやりとりのあと「食べなきゃいいのに！」と言ったというエピソードがある。

至言ではないか、なんという健全な思考であろう。暖衣飽食、三食テレビ昼寝つきの生活は、同じ鳥でも食肉用に肥育されるブロイラーと同じではないか。これで太らなかったらそれこそおかしい。

現在アメリカの最先端でのダイエット方法のひとつに、自分の腸に寄生虫を「飼う」というものがある。この寄生虫は条虫（サナダムシ）がよいのだそうだが、さて寄生させようとすると、なかなか居ついてくれないのだそうで、この文明社会、まさに本質を誤っているというよりほかない。

鳥は、人間世界のそういった近代文明の苦渋を、どう見ているであろう。

チック症

筋肉に不随意的に起こる律動的痙攣《けいれん》をチック（tic）症、あるいは搐搦《ちくでき》という。顔をしかめる、まばたき、肩すくめなど身体の各部分を衝動的に動かさずにはいられない無目的の筋肉運動で、このほか鼻を鳴らす、咳ばらい、しゃっくり、特定の汚い言葉の発言などもある。幼児期から少年期に移行する年代の男児に多いが、大人にもこのチックを繰り返すのが見られる。一風変わったのでは、歩行時、数歩行くとぴょんと飛び上がる大人、マッチの軸木を絶えず折らないと治まらないので、徳用箱と専用のゴミ箱を座右に備えて、終日ポキポキ折っては捨てている管理職などがいた。これは癖ではないが、精神病でもないという一種の病的症状である。

ところが、鳥にもこれに似た動作が見られるのである。一番それらしいのはカワセミのしゃっくり様の動作であろう。間歇的に、しかし、不規則に、身体を上下にピクッと揺するのであるが、いかにもしゃっくりをしているかのように見える。

ジョウビタキが、ヒッヒッ、カタカタッと妙な鳴き声を発したあと、首をピョコリと下げ、尾をプルプルッと震わせる動作も、いかにもチック的である。

モズがその尾を、まるでスリコギですり鉢の中をかき回しているかのように振り回す動作も、いささか神経症的に見える。いずれも人間ならばチックそのものである。

セキレイ類の、絶えず尾を上下に振って歩く動作も、いかにも気ぜわしげで、神経質そうである。これは洋の東西を問わず人目に触れたようで、学名の *Motacilla* も英名の wagtail も日本の古名のニワクナブリや方言のシリフリオカメも、いずれもこの尾を上下に振る動作に由来している。私の住む三浦半島では「おみよでんぼふり」と俗称するが、オミヨちゃんが臀部を振って歩くの意で、まさにモンロー・ウォークのことである。

イソシギもセキレイ同様に絶えず臀部と尾を上下に振っているが、面白いのは、何かに夢中になって、この尻振り動作を止める瞬間がある。ふと、それに気付いたイソシギは、これはいかん！といった風情であわてて、その振らなかった分を取り戻そうとするかのように忙《せわ》しく振り始めるのが、いかにも神経質に見えておかしい。

ところで、チックは病的症状なので、治療で治すことが可能である。実際に少年期に見られるチックは、周囲のちょっとした心遣いで治まることが多いし、それが嵩じて精神病に移行することはない。しかし、大人や、子どもでも長期間続いたチックについては、薬物、遊戯、行動療法など精神科医による専門的治療が必要である。

鳥の一見チック様の行動が、チックではないことは、種属に共通する行動であること、時間の経過で、悪化したり、軽減または消去することがない、治療（？）の効果が全然ないことなどから、これは本能に基づく、その種属に共通した生理的動作であって、むしろそうしない方が異常であることなどからも、はっきりしている。

では、鳥にはチック症はないものであろうか。オウムやインコのような知能の発達した鳥は、鳥籠などで人に飼われたときに、自分の羽毛や仲間の鳥の羽毛を毟り取るという異常な行動を示すことがしばしばある。カルシウムの不足といわれることもあるが、むしろストレスが嵩じた神経症である場合が多い。しかし、これは病状の進行を伴い、時に致命的事態にまで至るので、精神病の範疇に入るかもしれない。したがってチックではないだろう。

でも、鳥のように生来非常に神経の鋭い、したがって、絶えずキョロキョロ、オロオロしている動物には、きっとチックを伴う個体がいるのではないだろうか。しばしば目にする足を上げての頭掻き、嘴のこすりつけ、せわしげな羽繕いなどが、生理的に正常な行動なのか、チックによる異常な行動なのか、そんな視点でバード・ウォッチングに精出すのも、また一興であろう。

自動巻き時計

以前、エンサイクロペディア・ブリタニカ・フィルムで、鳥の飛翔状況を高速度カメラで捉えた映像を見たことがある。ひとつはハチドリが花の蜜を吸うシーンであったが、この鳥は蜂のように物凄い速さで羽搏きをする。だから、傍にいるとまさにブンブンといった蜂の羽搏き音に似た空気の振動音が聞こえるものである。この素早い羽搏きでハチドリは空中を変幻自在に飛びまわることが可能なのである。

感心したのは、その時にいろいろな体位があって身体の向きが目まぐるしく変わっても、目——この場合、左右の目を結んだ線——が、何時も地面に対して水平の位置を保っていることであった。

これはほかの鳥にもいえることで、アマツバメが急旋回して身体は九〇度も傾いているのに、目と目を結んだ線は水平を維持するよう、顔を捩じ曲げている写真を見たこともある。

ブッポウソウの仲間は英名 roller と言うが、この鳥も飛翔の際に身体を激しく揺すって飛び回る。高速で飛翔する鳥は、高度に発達した平衡感覚を持ち、またそれを活かすための鋭い視力と素早い反射の機能を具えている。こうした優れた機構を活かすためには、目からとりこまれる

ブッポウソウ

情報を素早く的確に処理し判断し、直ちにそれに対応できる神経の支配と筋肉の反射とを指令しなければならない。そのために、目の位置を常に水平面と平行に保つことは必須の要件なのであろう。

これは視覚の動物である人間も同じであって、例えば、パイロットは、まず、水平感覚を身につけることを厳しく訓練される。グライダーの訓練では最初に、操縦席に目隠しをして座らされ、教官がごくソーッと翼を傾けるのである。その時に、水平面に対する傾斜を知覚して、修正のための操縦桿を操作しなければならない。しかし、最初は判らなくて、教官にうんと叱られたのが、私たちの少年時代の思い出である。平衡感覚を養うために、鉄棒や空中転回などの体操をみっちりやらされたのであるが、これは、アクロバット演技をするサーカスの団員や体操の選手なども同じである。

どんな激動の状態にあっても、目の水平面に対する位置だけは、確実に確保する鳥類はさすがに飛翔の大先輩であるわいと、これを思うごとに畏敬してしまうのである。

さて、飛翔中以外の鳥の目の位置はどうであろうか。ニワトリ、ハト、バン、クイナなどが歩く時や泳ぐ時に、頭がどうなっているかご存じだろう。人間があんな形での首振り歩きをしたら、それはもうコメディアンでしかない。行動のための情報を確保するのに一番大事な目を、常時前後に揺り動かしながら歩くのは、一体どういうわけなのだろう。人間が歩行するとき、手が自然に振れて、しかもそれが左右の足と反対に動くのは、かつて犬や猫のように四本足で歩行していた名残であるといわれると納得がいく。でも犬も猫も猿も歩行の際にニワトリのように首を振ることはない。

最近の学説に、鳥の首振りは身体の軀幹部が剛構造になっているからであろう、というのがある。なるほど、頭と首を除いた部分は屈伸不能である。特に胸郭はがっしりした胸骨とそこに突出する竜骨突起、鎖骨を加えるにこれも強固な烏喙骨《うかいこつ》などによってがっしりした箱といった形になっている。腹部前面（下面）には骨がないが、強固な骨盤骨とこれを繋ぐ脊椎骨はこれも他の脊椎動物に比べるとカチカチで屈伸不能である。こういう身体で歩くとなると、生理的に首を振らざるを得ないというのであるが、首を振らないで歩ける鳥も少なくないので、この学説が万能とはいえない。

あるいは、自動巻きの腕時計のような仕組みで、あのような運動によって目や頭脳の「コンピユータ」にエネルギーを送り込んでいるのかもしれない。ことによったらそのための弾み車か分銅が、頭のどこかに仕込まれているのかもしれない……。

それにしても、あの鳥たち、歩く時はどのような映像を、その網膜に捉えているのであろうか。

過ぎたるは……

仕事の都合でしばしば飛行機に乗る。今の旅客機は最も事故率の低い乗り物とされているが、だからといって安全であるとは限らない。多くの航空機事故が致命的破滅で終わるのが何よりの証拠である。私などは重さが約三五〇トン（B747ジャンボ機満タン）もある金属が空を飛ぶのは神を畏れざる不遜な行為と思っているから、飛行機は落ちるのが当然と認識している。それでも乗るのは、時間を買うためであって、飛行機の性能、整備はもちろんのこと、パイロットの力量と判断を信頼してのことで、少しでも怖いと思ったら飛行機には乗らなければよい。

悲惨な事故の際、関係の責任者が「二度とこういう事故は起こさない！」というが、あれは願望であって、むしろ二度あることは三度あると認識する方が合理的であろう。

いつか救命胴衣が座席の下になかった（大陸の上を飛ぶ飛行機は置かないが、日本の飛行機はまず全部備えている）という指摘があって、それ以来、一応は手で触ってその所在を確認することにしている。私のように自然相手の仕事では常にサバイバルに対しての留意を怠ってはならないとする習慣からである。

そこでいつも不思議に思うのは、パイロットが極めて簡単な服装で操縦に当たっていることである。上着をつけるのはむしろ機を降りた時で、コックピットに座っているパイロットは半袖のシャツの場合が多い。空調が効いているから寒くはないのであろう。

しかし、これでもし人跡未踏の自然の中に不時着したら、どうやって生き延びるつもりなのであろう。

戦争中、戦闘機も爆撃機もそのパイロットは不時着に備えて相応のサバイバル・ツールを用意し、服装も兵士として基本的なものを着ていた。ジェット機での戦闘では、高空での過酷な条件に対応するためのプロフェッショナルな服装が要求されている。

近代科学の粋を結集した飛行機はそれゆえに、不時着などでその条件を欠いたら、自然の中での対応が全く出来ない弱さと脆さを持っている。これは戦時に生活の用具を兵器とともに持参して、全くの自活生活を基本とする歩兵と対比するとより明らかである。

どんなに強大な火力を持っても、高速の移動能力を駆使できても、いったんそのシステムが崩れたら全くサバイバルの幅がない。まさに「過ぎたるは及ばざるが如し」である。

鳥の世界にも似たような事態がある。たとえば、オオミズナギドリという種類がいる。海面すれすれに高速で滑空し、波による水面の凹凸から僅かに生じる上昇気流を巧みにとらえて長時間、上昇と下降の滑空を繰り返して、ほとんど羽搏くことがない。その絶妙な飛翔は水面上わずか数センチメートルすれすれに翼端を滑らせて、絶対に水面はおろか波頭にも触れることがない。そのために滑空機のソアラーに似た、幅の狭い細長い翼を持つ、デザイン的にも極めて洗練された飛翔スタイルを持つ鳥である。

オオミズナギドリ

ところが、このオオミズナギドリが、地上からじかに飛び上がれないのである。あまりに長い翼が、羽搏いて揚力を生むことが出来ないためである。仕方がないから、斜面を駆けおりて風圧を高めるか、木に登って飛び降りつつ翼をひろげるか、強風に逆らって駆けるしかない。なんと不便なと思うが、洋上の飛翔に適応しすぎた体形は、幅ひろい生活の適応性を失ってしまったのである。これもまさに「過ぎたるは及ばざるが如し」の典型である。

スズメ、カラス、ハト、カモメなどは、ミズナギドリ、アホウドリ、ペンギン、ダチョウなど特殊な生活に適応した、特別な体つきの鳥に比べると、いかにも鳥らしい体形をしている。これはプリミティブであるかも知れないが、そのかわりあらゆる生活分野に、鳥として対応できる無限の可能性を秘めているといえよう。ダチョウやペンギンなどは、進化の究極まで達して、これ以上の変化の可能性を失った種類で、あとは滅亡あるのみかも知れない。

リチャード・バックが『かもめのジョナサン』という小説を書いて、ジョナサン・リビングストンというカモメに特殊な超能力を体得できるとしたのは、いかにも当を得ていると思う。カモメの研究で著名なニコラス・ティンバーゲンも「カモメは無限の可能性を秘めた鳥である」と言っている。ダチョウではそうはいかないと思うし、だからこそソル・ワインスタインとハワード・アルブレヒト共著の『にわとりのジョナサン』が、パロディとして抜群のパンチが効いてくるのである。

卵歯

啐啄《そったく》という言葉がある。ニワトリのヒナが孵化しようとするとき、ヒナが卵の中で殻をつつくことが啐。それに応じて母鶏が外から卵殻をつつくことを啄。転じて禅宗で「機を得て学人と師家との両者の心が投合すること」(『小学館国語大辞典』一九八一年)に例えるが、このときヒナは卵殻のなかでピヨピヨと声を発して鳴き、母鶏もこれに応えて小さく鳴くものである。

現在の養鶏では、孵卵器で一遍に大量に孵すので、ヒナがいくら懸命に鳴いてもこれに応える母鶏はいない。人生のスタートからしてこのように哀れなのが家畜(家禽)の宿命なのだ。

ヒナが卵殻をつつくのは自らの力で卵の殻を割るためである。そのための道具としてヒナの嘴の先端上部には卵歯といって、透明なガラス状の鋭い突起が付いている。まさにガラス切りの役割を果たすものである。

この卵歯は孵化して間もなく自然に脱落するのであるが、孵化の瞬間にははっきり見られるので、鳥類や爬虫類のように固い卵殻をもつ卵生動物が孵化するときにはなくてはならない器官である。私が鳥の研究所に勤務していたとき、しばしば学習図書などの監修を依頼されることがあったが、鳥の孵化の際の絵で、この卵歯が描かれていない絵図が意外に多く、日本の絵描きさんたちの科学的知識の貧弱さを痛感したものであった。

日本の高等教育では、昔から理科と文科とに大別され、どちらかと言えば理科は実学的要素が強く、文科は高尚な論理を弄してこれに君臨（？）するような傾向があった。これは日本の官僚機構の中に、旧帝国大学系の文科出身者が隠然たる勢力を秘めて支配的立場にあって今日に至っているのを見ても明らかである。

そのことについてはいろいろな必然があってそうなったのであろうが、そのために、極めて基礎的かつ常識的な理科や自然の理解に欠けることがままあり、とりわけ博物学の世界で欧米の知識人に比べると明らかに劣っていること、目を覆うばかりである。

最近でこそあまり目立たなくなったが、かなり高名な文士が臆面もなく「名も無い草花が咲き乱れ……」などと書いても、その無知さ加減を糾弾されることは全くなかった。

今、日本の植物で名のない花などは皆無に近い。もし本当に名のない花であったらそれは植物学上の新種であって、学問的には大変な新発見になるのである。そこで鳥の絵を見るとき、私などは、ツルとサギの足の後ろ指の付き方や、初列風切羽の長さの序列が正確に描かれているかなど見て、無粋なことと自戒はしながらも、その絵描きさんの観察、写実の能力を評価してしまうのである。

スピルバーグ監督の「ジュラシック・パーク」という映画があったが、いろいろな点で面白かった。とりわけ登場する恐竜の科学的正確性と、それを生き生きとよみがえらせたコンピュータ・グラフィックスの進歩はまさに瞠目に値するものがあった。これを日本の恐竜映画と比較するのも面白い。ゴジラは恐竜ではなく怪獣の部類に入るもので、そのネーミングもゴリラとクジラを合体した荒唐無稽さで、むしろ稚気愛すべきものがある。これは科学云々より、何となくムードとして物凄ければよいという日本人の感覚と、科学的信憑性を追求するスーパーリアリズムを尊重するアメリカの人々の資質の相違というべきかもしれない。「ジュラシック・パーク」では、恐竜を温血動物として見るアメリカのモンタナ州立大学ロッキーズ博物館のJ・R・ホーナー博士の学説に準拠したことの是非や、恐竜の動作が鳥や哺乳類に匹敵する素早さであること、群れを作って社会生活をしていたらしい種類の扱い、共同狩猟をする種類の頭脳の発達具合などが、学者の間で論議されるほど科学的に深い内容を備えている。

スピルバーグ監督も恐竜の生態についてはホーナー博士の監修を受けたといい、一種類についてのみは、学問的正確性を離れて脚色を施したといっているが、それを荒唐無稽とは言い切れないリアリティがあった。

この映画で、遺伝子の人工操作で恐竜の子どもが生まれるシーンが克明に描かれていたが、卵殻が破れて、顔を出した恐竜（ヴェロキラプトル）の子に卵歯が付いていなかった。私は、ここに映画屋さんの科学知識の限界を見た思いであったが、何と、マイクル・クライトンの原作（一九九一年）には、「本種の子どもは鼻面が突出しているので卵歯はない」といっているのである。これも恐らくはホーナー博士の指導を得たものであろうが、これにはシャッポを脱がざるを得なかった。この恐竜にも、孵卵器の鶏卵のように啐啄はなかったのである。

フクロウの足

最近のオリンピックでは、開催国や開催地にちなんだ動物をマスコットに仕立てて、宣伝やイヴェントの盛り上げに活用されるのが当たり前になった。そうなると何をマスコットに選ぶかに腐心することになる。

一九九八年に長野県で開かれた冬季オリンピックのマスコットは、「スノーレッツ」と名づけたフクロウをデザインしたものであった。

一見それらしくはあるが、我々のような鳥のプロから見ると、このスノーレッツ君は何ともフクロウらしからぬマスコットであった。第一はその表情である。妙に鼻が高く、ウィンタースポーツの先輩格に当たる北欧人の顔つきを彷彿させられるが、フクロウのイメージではない。目も実際のフクロウのように真ん丸で大きくして欲しかった。第二はその足の指である。フクロウの足指は、前に二本、後ろに二本と分れるのが普通であるが、このスノーレッツ君は、前に三本、後ろに一本と普通の鳥と同じ足指の形である。野鳥愛好家や、鳥学を少しでも齧った学識では、こういう図柄では既にフクロウではない。これでは自然史的常識を身につけている人が多い欧州や北米からの来訪者にクレームをつけられても仕方ないと私は思った。

そこで同じ日本人として、また名にしおう教育文化県としての長野県の沽券と名誉のために、今のうちに訂正なさったらいかがですか？　と要らざるお節介とは思いつつも、長野オリンピック冬季競技大会組織委員会事務局という、これはまたかなり長い名前の、とにかくその委員会事務局に長文の手紙と、図鑑の各種のフクロウが出ているページのコピーを送った。しかし、この長い名前の事務局からは、何の音沙汰もなかった。

このデザインはさる高名なデザイン会社が手がけたものだったそうで、そうなると、簡単には改められないものらしい。

かつて兵庫県で博覧会が行われたとき、そのシンボル・マスコットにタンチョウヅルが漫画化されたものが決められた。ところが、このタンチョウの尾羽が黒かったのである。これは、明らかな間違いであって、タンチョウの尾は純白である。翼を畳んだとき、三列風切と呼ばれる翼の付け根の部分の黒い羽があたかも尾羽のように見えるだけである。こういうことに口うるさい鳥の世界から、早速クレームがついた。ところが、当局は「高名な画家がデザインしたので、直さない（直せない）」と回答したものだった。

更にその昔、郵政省が記念切手にサザエの図柄を描いたとき、その角の付き具合が、貝類学的に全く出鱈目なので、日本貝類学会の専門学者有志が、訂正を申し入れたことがあった。それに対する郵政当局の返答は、「あれは芸術院会員の高名な画伯が描かれたものである。しかるがゆえに、訂正する必要はない」であった。貝類学者たちは絶句した。そこで機関誌に、その画家の名前を冠したサザエと題して、「日本の切手に選ばれるくらいだから高名な貝に違いあるまい。

だけど、日本の貝類学者でこのサザエを採集したものはひとりもいない。学者としてなんたる怠慢であろう！」と皮肉たっぷりに揶揄した文章を掲載して、その鬱憤を晴らしたのには苦笑せざるを得なかった。

これらは日本人の自然史科学にかかわる、まあいいではないかという曖昧な姿勢や、お上や権威には盲従してしまう、といった国民性が見事に浮き彫りにされていると思う。因みに千円札のタンチョウヅルの図柄、一万円札のキジの図柄は、当時、山階鳥類研究所で、私も関与して前後十九回に及ぶ校閲と訂正を経て決まったものである。

前述のように、鳥の足指は、前に三本、後ろに一本という付き方が標準であるが、フクロウ、キツツキ、オウム、インコの類は、前後二本ずつに分れるのが普通である。

ところが、信州在住のある鳥学者が、「お前はそうは言うものの、フクロウの足指は必ずしも、前に二本とは限らない。前に三本のフクロウもおるぞ」という見解を表明された。そう言われれば、外国のフクロウではあるがナヤフクロウ（納屋梟）などは、太い木に止まるときなど、前に一本、後ろに一本、そして残る二本を一八〇度に、つまり十文字形に開いて止まることが多い。これは正面から見れば指が三本になって、一見、普通の鳥と同じに見えることは確かである。いやはや、信州人の同郷意識の強固さと理屈っぽさをしたたかに見せられた思いであった。

もともと、シンボル・マスコットは、その科学的正確さについて、それほど目くじら立てて、云々喋々する筋合いのものではなく、皆が楽しめればそれで良いのではないか、とも思う。しかし、それでも……と、ここはどうもガリレオ的心情になるのも否めないのであるが。

海水を飲んではいけない？

塩気、すなわち塩分は動物の生命維持に不可欠な要素である。多くの動物はこの塩分を普段食べている食物から摂取している。とりわけ肉食性の動物は、獲物の血液が含む塩分をこれに充てるのが普通であるが、草食性の動物は塩分を含まない植物が主食なので、どこかで直接塩分を補給しなければならない。

そこで内陸の森や山に住む草食獣は、地面や岩の露出している場所で、とりわけ塩分の含有量の多い場所で、その土や岩を嘗《な》めて塩分を補給する。この場所は塩場（salt lick）と呼ばれる。塩分は海水に含まれるのが常識になっているし、岩塩といわれるものも、元は海水或いは鹹水《かんすい》湖の水分が干上がって塩だけが結晶して残ったものである。

じつは海の塩分も、その大本は陸上から雨水に溶けて流れ込む微量の塩分が、水分だけ蒸散する結果、長い年月にだんだん煮詰まるようにして、その濃度を高めてきたものに他ならない。

我々人類の血液は今、約〇・九パーセントほどの塩分を含むが、これは遠い昔、人類の先祖が未だ海中に生活していたころの海水の塩分濃度の名残であるといわれている。

現在の海水は約三・五〜三・六パーセントの塩分を含むので、人類の先祖が泳いでいた頃に比べると、その塩分は四倍に「煮詰まった」わけである。今後時間がたつにつれて、海水の塩分濃度はどんどん高まるであろうと予測されている。

そのような海水だから、動物の塩分の補給にはもってこいである。海岸に近い陸地に住むシカやカモシカが、海辺に塩を求めるのは当然であるし、飛翔力に優れた鳥類のなかでほとんど純然たる植物性のハト類も、海岸にひと飛びして海水を飲みにくるものである。

深山幽谷に住み、普段は人目に立たないアオバトという美しい緑色のハトがいるが、このアオバトさえ、塩分は海岸で求めるのである。北海道の小樽市張碓《はりうす》海岸、神奈川県大磯町の照ヶ崎海岸は、多くのアオバトが海水を飲みに集まるので有名である。

これほど大事な塩分であるが、海で遭難したとき、海水は絶対に飲んではいけない、といわれている。三・六パーセントの海水は、飲んでみるとそれほど塩辛くなく、どちらかといえば口当たりのよい塩分濃度である。しかし、体内に入った海水は、そのうちの真水の部分が排泄され、塩分は体内に残されていく。そうなると海水を飲む毎に、体内に蓄積される塩分濃度は高まり、それが腎臓の体液を濾過《ろか》する器官を破壊する。腎臓を破壊されたら人類は死ぬよりない。だから、ベテランのシーマンは、魚を捕らえてその肉を絞った体液を飲んで渇きを癒すという。海に棲む魚の肉はほとんど塩分を含まないからである。

ところが、大海原を生活の場とするミズナギドリやアホウドリのような外洋性の海鳥は海水を飲んで、塩分以上に生活に必須な水分を補給している。それなのに塩分に腎臓を侵されて死ぬようなことはない。同じ脊椎動物なのに人間とどこが違うのだろう。

彼ら海洋鳥の体内には、不要・過剰の塩分を濾過して、体外に排出する特別な器官を持っているのである。塩腺あるいは塩類腺と呼ばれるこの塩のフィルターは、鳥の場合目の下、嘴の付け根の体内にある。そこで濾過され、濃縮された濃い塩分は、鼻孔から少しずつ体外に排出されていく。これは驚くべき適応の機能である。海亀が産卵するとき、しきりに涙を流すが、あれは実は塩腺から濾過されて出る濃縮された塩分なのである。

今、外洋を航海する船舶は、海水から塩分を濾過して真水を作る装置を搭載しているのが普通であるが、それでも寄港先でおいしい飲料水を積むことを怠らない。ところが、海洋鳥はとうの昔から、優れた濾過装置を装着して、大海原（の上空）を航海してきたのである。

遊休脳

三浦半島で事故のため保護されたカラスのヒナが、野生動物救援センターに当てられている横浜市の野毛山動物園に運ばれたとき、わが子を気遣った親ガラスが直線距離で三〇キロメートルはあるその動物園まで、上空から追跡して行ったという話があった。そのときは「まさか？」と思った。

でも上野動物園でカラスの研究を続けている福田道雄氏によると、この話は満更荒唐無稽ではなさそうである。福田さんの話では、上野動物園や上野公園のカラスたちは、自分たちを調査する福田さんの顔を覚えてしまって、向こうから福田さんを監視してつきまとうほどであるという。朝、動物園に出勤すると、カラスは窓ガラス越しに中を窺って「ああ、(福田さんが) いるいるっ！」というようなしぐさで見るという。

カラスはオウム、インコの類と共に現存の鳥類では最も進化の進んだ種類で、その頭脳も抜群に優れている。昔、日本の農村では「カラスをいじめると、報復のために灯明の火のついた蠟燭を運んで、茅葺き屋根に火をつけるような仇をなす」といって恐れたが、カラスならやりかねないと思う。

知恵の発達したカラスは共同狩猟もする。宮城県の金華山島の仔鹿や北海道の放牧された仔羊は、カラスの集団に襲われるという。カラスはまず、これら仔鹿や仔羊の目をついて見えなくさせてしまう。次いで、柔らかい肛門をつついて腸管を引きずりだし、出血多量で倒れると寄ってたかって食べてしまう。都心でも犬のスピッツや放し飼いの鶏が襲われて殺されている。ドバトの巣立ち雛などは恰好な「好餌」となり、執拗に追いまくられて、ついには血まみれになって食べられてしまう。ヒッチコック監督の「鳥」という、カラスやカモメが集団で人に襲いかかる恐ろしい映画があったが、カラスの知恵を思うと、あの物語が妙にリアルな感じをもって、改めて我々に警告を発しているような気がしてならない。

カラスが所属する分類の単位スズメ目《もく》の鳥にツバメがいる。これも昔から人家の軒下に巣を構えて、人間の文明を上手に利用する知恵を具えている。現在、東京の都心のツバメはカラスやスズメの襲撃を恐れて、ことさら人の出入りの激しい駅、銀行、デパートなどの出入口に巣を営む傾向が明らかに認められている。カラスやスズメが人を恐れて寄りつかないのを逆用する知恵によるものらしい。その最たるものは自動ドアのセンサーを利用することを覚えて屋内に巣を構えるツバメである。出入りの際はセンサーが作動する空間でホバリング（停空飛翔）をしてドアが開くのを待つという知恵者ぶりである。

昔の家屋でも屋内に巣を構えたツバメは少なくなく、その場合は朝晩、家族が戸を開閉するのに合わせて行動していた。あるいは、障子の桟をひと枡かふた枡分切り取ってツバメが通り抜けられるようにしてやると、そこから巧みに飛び出し飛び込みしては自在に出入りしていた。都心では横に長い鉄棒でできた格子の鎧戸ならば、ツバメは巧みにすり抜けては屋内の巣でヒナを養っている。ヒナが全員巣立っても、暫くは安全な屋内で夜を過ごす知恵も持っている。

カラスは体長がざっと五五センチメートル、体重も五五〇グラムほどである。身長一五五センチメートル、体重五五キログラム平均の日本人に比べると遥かに小さい。ツバメに至っては体長一七センチメートル、体重は一九グラムしかない。それなのにこれだけの知恵を働かせる脳味噌はどうなっているのだろうと思って調べたら、カラスは一四グラム、ツバメは二・六グラムしかない。しかも人間の脳に比べると、知恵をつかさどる大脳よりも運動をつかさどる小脳の比率が大きい。我々人類の脳味噌は一二五〇〜一三九〇グラムほどあって、鳥に比べると大脳の方が小脳より遥かに大きい。その大脳の脳細胞は無慮三〇億あるという。人の方が鳥より知恵が働くのは当然として、その際に作動する脳細胞の数を考えると、人の方はサボッてズルを決め込んでいる遊休脳（細胞）が、めちゃめちゃに多い。世の中を動かすのは百人の中の十人であるという説があるが、何となくこの話に似ている気がする。鳥は空を飛ばなければならないので、体重に限界があって、理論上は一七キログラムの体重が飛翔可能の限界であるという。だから脳味噌ばかりが多くなることは許されないのである。そうなると、限られた脳細胞をフル回転で作動させるのが賢い生き方の基本となるであろう。あんな小さな脳で、結構賢く生きていくコツはこの辺にあるらしい。

おめめきょろきょろ

鳥を見ていていつも感じるのは、その目が絶えずきょろきょろ動くことである。厳密にいうと、目玉が動くのでなく、目玉のついている顔が動くのである。

フクロウ時計というのがあって、フクロウの顔の大きな目玉が左右にきょろっ、きょろっと動くのがあった。今は見られなくなったが、ガソリンスタンドにも、大きなフクロウの目玉が左右に動くのがあった。でも、実際にはあれは嘘で、フクロウの目玉は動かないのである。フクロウも顔を回してものを見るのである。

人間の目玉は白い角膜の中に、黒い（日本人の場合は、厳密に言えば濃い茶色で、人種によって灰色から青味がかって見えるのもある）瞳（これも厳密に言えば、虹彩の色がそうであって、瞳孔の中は、濃い暗青灰色である）があって、これをかなり左右に動かすことができるので、顔面を動かさずに「横目」を使うことができるのである。

ちなみに、人間の視野（視界）は正面を向いたとき、両眼視野は一八〇〜二〇〇度といわれている。単眼視野だと上方五〇度、下方七〇度、内方六〇度、外方一〇〇度ほどであるが、人間は双眼視をするので視界が広くとれるのである。

ヤマシギ

顔が立体的で細長く、その左右に目がついている鳥類は、右と左との目で別々の視界を持つのが普通である。しかも、その目ん玉が突出している鳥は魚眼レンズよろしく超広角レンズをつけたようになるので、中には左右の視界が顔の前後で交錯し、三六〇度の視界を完全にカバーしてしまう鳥もいる。ヤマシギのような鳥がそれである。これは一体どのようなものの見え方になるのだろう。

我々の視界は、鳥の半分以下であるが、そのかわり双眼立体視ができる。物の遠近が明確に認知でき、世界を立体として捉えることが可能である。フクロウもそうであって、これは夜間も見える特殊な視覚生理と相まって、獲物を確実に捕らえるのに高い効果を持っているらしい。そのかわりフクロウの視界は、他の鳥に比べて狭い。だからフクロウは顔を回すことによって視界の不足を補っている。

ところで、多くの人々が鳥を好ましく思い、厭世詩人として高名なジャコモ・レオパルディでさえ、「鳥は最も幸福げな様相である」と歌っている。しかし、中には鳥が嫌いという人がいないでもない。その理由を聞くと多くは「足の鱗が気持ち悪い」というのであるが、これは鳥の遠い先祖である爬虫類の片鱗が残されたもので、あの鱗に蛇などを連想するかららしい。もうひとつの理由に「どこから見ても、私の顔を凝視していて気味悪い」というのがある。小さな女の子がニワトリなどを指してそう言う機会が多いが、なるほどシャモやカモメ類の目付きは、どこから見ても、当方の顔を睨《ね》めつけているように見える。

これは、この種の鳥の目の虹彩が、黄色や橙色で目立つうえに、その真ん中に小さな瞳孔がポツンとあって、目の表情が乏しく見えるからである。

人でいえば「三白眼」に相当し、あまり良い目付きとは言われない。

多くの小鳥は、虹彩が濃く、目全体が黒々と見えるので表情が可愛い。カモメ類でも小型のユリカモメや、大型カモメでも若い鳥の目は黒っぽく見えるので可愛い。人も白目よりも黒目の部分が大きい人（いわゆる黒目勝ちの人）は表情が可愛く、人に威圧感を与えることは少ない。

さて、鳥は空を翔ぶのが専門で、絶えず高い位置を占める機会が多い。そうなると身を隠す場がなく、絶えず多くの人や動物にその姿を見られていることになる。これは相当のストレスになるであろう。中には天敵や危険な相手が少なからずいるからである。

空を翔ぶために、攻撃や防御のための武力を放棄した鳥は、ひたすら専守防衛で「三十六計逃げるにしかず」をその生活信条にしている。そのためにも、視覚を活用して常に危険な情報を察知し、逃走の態勢を整えておかなければならない。

そこでいきおい、絶えずおめめきょろきょろに努めることに相成るわけである。

人間も、深い森の中に生活する狩猟人や、土地に定着し、安定的な生活を送る農耕人は、広い牧野に羊や牛を追って歩く遊牧民に比べて、目の動きが少ない。

むしろ悠揚迫らぬ態度で泰然自若、一点を凝視して身じろぎもしないのが美徳ないしは貫禄と目されているようである。

遊牧の生活は、絶えず動きまわる羊のような家畜の動向に注目しなければならず、その家畜を襲うオオカミのような天敵の攻撃を排除するための気配りも並大抵のものではあるまい。これまた「おめめきょろきょろ」にならざるを得ないであろう。しかし、この視覚による注意力は、科学の発展に寄与するところが大きかったに違いあるまい。

一九四二年二月、太平洋戦争の初期、日本陸軍がシンガポールを攻略してイギリス軍に勝ったとき、時の司令官同士が戦闘終結のために会談した。日本陸軍の山下奉文《ともゆき》将軍に対するはイギリス陸軍のA・E・パーシバル将軍である。山下将軍は「無条件降伏」を強く迫った。パーシバル将軍としては、出来得る限り有利な条件下で戦闘を終結したかったであろう。その心の動きは、きょろきょろ動く目と、せわしない顔の動きにはっきりと表れていた。対する山下将軍は泰然自若を絵に描いたような態度で、ギョロリとした目を剝いてパーシバル将軍を凝視し、無言の威圧を加えていた。その様子が記録映画に残されている。

ここに私は稲作農耕民と遊牧民の末裔としての両人の文化的ポテンシャルの相違を垣間見る思いがした。動物でいえば、まさに哺乳動物と鳥類の対決である。一九四五年、形勢は逆転して、フィリピン戦線で、山下将軍がD・マッカーサー将軍の軍門に降ったときも、恐らく山下将軍の態度は変わらなかったであろう（この席にはパーシバル将軍が呼ばれ、劇的対面があった）。対する米軍の将軍の立ち居振る舞いはいかがであったであろう。

寒さ知らず

旧ソ連ウクライナ共和国とベラルーシ（白ロシア）共和国との国境に接するあたりにあるチェルノブイリ原発の第四号炉が爆発事故を起こしたとき、放出された放射線で汚染された死の灰が、折りからの南風に乗ってベラルーシに降下したのは何という不幸なことであったろう。広島型原爆の五〇〇倍もの放射線の汚染であるという。一九八六年四月二十六日のことであった。一二〇万人ともそれ以上ともいわれる被曝者が出て、とりわけ子どもたちが悲惨な状態に陥っている。

現在、欧米や日本で年間二〇〇〇人ちかくの、発癌寸前と目される甲状腺の肥大した子どもたちを二、三カ月預かって、施療と健康の増進に努めるプロジェクトを展開している。神奈川県下では横浜にボランティアの組織があって、毎年四、五人の少年少女を預かっているが、ベラルーシは海のない国なので、私の住む三浦半島で、海に触れるプログラムを展開し、私もそのお手伝いをさせて戴いている。可哀相とも気の毒とも言いようのない暗然たる気持ちで、それでも一期一会の心を込め、毎回、誠意を尽くしているつもりである。

ある年の四月一日、二人の少年、二人の少女を預かったが、初めて海に触れる子どもたちの興奮は傍から見ていても微笑ましい。

「海水を嘗めてごらん」と勧めると、どの子も「苦い」という感想を洩らすのが、われわれには意外であった。海水に含まれる塩分の塩辛さよりも、塩化マグネシウムの苦さを強く感じるらしい。この塩化マグネシウムは「苦汁《にがり》」といって、豆腐を固めるとき、豆乳の中に混ぜる成分である。始めは渚で打ち寄せる波に戯れていたのが、靴を濡らし、靴下を濡らして裸足になると、だんだん深みに入って、ついに下着までびしょ濡れにしてしまう。こうなると子どもたちは興奮のあまり裸になって水中に全身を浸すようになる。

四月の海は、まだまだ寒いし海水も冷たい。子どもを預かる日本のママたちは心配するが、私は「寒冷に強い民族の子どもだから、このぐらいの寒さは平気でしょ」と、子どもたちの成り行きに任せることにした。実際に全然寒がらないし、風邪もひかない。

私が子どもの頃の経験で、一番早く海で泳いだのは四月十六日だったが、その時の海水の冷たさは今に忘れられない。当時の子どもは今の子に比べると栄養状態は貧弱で、寒さには敏感であったこともあろう。気候も今より寒冷であった。

冬の寒さは動物たちにとっても厳しい環境要素になるが、野鳥たちは絶妙な羽毛の仕組みによって、厳寒時でも寒さをものともしない。とりわけ水鳥は尾の付け根、背面にある皮脂腺と呼ばれるニキビの塊みたいな器官から分泌される油脂を嘴で全身の羽毛に塗りつけて撥水性を高め、羽毛への浸水を防ぎ、体温の発散を防いでいる。寝るときは首を背中に埋め、嘴や眼瞼のような皮膚の裸出部を羽毛に埋めて、全身を毛糸玉にしてしまう。

もうひとつ羽毛のない脚部はうずくまって毛糸玉の中に包含するか、片足で交互に立って放熱面積を少なくする。この時、足の中を流れる血液は、腿にある一種の熱交換装置で処理されて循環するのだから凄い。自動車のデミコンヒーターと同じ原理である。

でも、水鳥の中でウ（鵜）の類だけは違う。第一、皮脂腺の発達が悪く、ないに等しい。だから水に浸かるとたちまち濡れ鼠である。その方が余計な浮力がなくて潜水に便利らしい。皮下の脂肪層もそれほど厚くなく、いつ見てもスリムな身体つきである。これは天性耐寒性が高いがゆえの寒さ知らずであるらしい。人間でも、活気に満ちた男の子などに真冬でもタンクトップに半ズボンという驚異的な恰好で過ごす子が、学校に一人や二人はいるものであるが、こうした子はいつも風呂あがり直後みたいに身体が火照っているらしい。

ルーズソックスにミニスカートの女子高校生は、ファッションのために痩せ我慢をしているようだ。

ウはそれでも、さすがにずぶ濡れが続くと飛翔に悪影響が及ぶらしい。岩礁などに立って翼をひろげて風に当て陽に干しているのを見かけるが、これはこの種類独特のポーズである。

そのうえカワウ（河鵜）は、厳冬の最中にヒナを育てるのであるから異色である。日本ではほかにスズメより少し大柄なカワガラスが、真冬に繁殖をする寒さ知らずのひとりである。

III　自然界のバランス

鬼子母神のシステム

昔、夜叉神《やしやじん》の娘で鬼神、槃闍迦《はんじやか》の妻であった鬼子母神《きしもじん》は、一万人（五百人とも千人ともいう）もの子を産んだが、他人の幼児を好んで奪い、これを食べていたという。現在でも肉食文化の国では、原則的に家畜の仔は、柔らかく旨いということになって賞味される。これは考えようによっては鬼子母神に似たようなものではないだろうか。

小鳥がヒナを育てるとき、昆虫、とりわけその幼虫を捕えてヒナに食べさせることが多い。幼虫も含めて、小動物の子どもは、①数が多い、②動作が鈍いので捕えやすい、③捕える際に抵抗が少なく危険がない、④運搬しやすい、⑤一般的に柔らかいので消化が良い、⑥栄養価、カロリーがともに高い、などの特性をそなえているので、ヒナを育てるには格好の餌となる。

繁殖期の親鳥が、他人である昆虫その他の小動物の子どもをさらうのは、鬼子母神のように自分が賞味するわけではないが、その数はおびただしいものになる。

ドイツの鳥学者レーリッヒは、一羽のシジュウカラが一年間に食べる動物質は、マツシャクトリ（松尺取蛾の幼虫）に換算して一二万五〇〇〇匹、エナガでは九万六〇〇〇匹に及ぶという。旧農林省の調査によると、育雛中のヒナが、親鳥から貰う虫の数は、一日平均ヒナ一羽当たり五〇匹内外という。一番《ひとつがい》のシジュウカラが年に二回繁殖して一二羽のヒナを育てたとすると、この一家は、一年間に二九〇万匹の虫を食べる計算になる。しかも、うまいことに、ヒナが育つ初夏の頃は、多くの昆虫もちょうど幼虫が生育する時期に当たるので、親鳥は大量の「餌」を容易に入手することが可能である。

しかし、反面に、そうした小鳥類のヒナも、昆虫の幼虫と同じ要件を備えているので、アオダイショウ、イタチ、テン、ハイタカなど、より大型の、より凶猛な天敵の餌としてさらわれる立場にもある。日本鳥類保護連盟の計算によると、一羽のハイタカは、一年間に七七九羽のシジュウカラを食べるというが、その中には当然、〝人生〟に未熟で、か弱い幼鳥や若鳥が多く含まれるのであろう。

考えてみれば、初夏の自然界は、子どもが子どもを育てているようなもので、親はその間に運搬係として介在するに過ぎないともいえよう。だから、人様の子をさらった親が、自分の子をさらわれて鬼子母神とおなじ悲哀をかこつことも十分起こり得るのである。鳥獣類は、親が子を養うが、爬虫類や両生類などは、子ども自身が自活をはかるよりほかはない。しかし、自然はよくしたもので、例えば、シロマダラはトカゲを襲うヘビであるが、幼蛇がかえる頃、トカゲの子もかえるし、その子トカゲは食うに手頃な大きさのコオロギやバッタの幼虫を捕食して育っていく。

こうしてみると、自然界の絶妙な仕組みには驚くばかりであるし、昼行性の動物では、そうした餌を存分に子どもに与えられるように、一日の昼の長さも一年中で一番長くなっている時期であるのが何とも心憎い。それももとを正せば、地軸が、太陽への公転面に対してほんの二三度四

シジュウカラ

四分ほど傾いていることから端を発しているのである。

日本鳥類保護連盟は、「あなたの愛鳥度テスト」と称して次のような設問をしている。すなわち、小鳥のヒナをヘビが襲っているのを目撃したとき、あなたは、①キャッと言って逃げる、②ヘビを叩き殺す、③ヘビを捕えて遠くへ持っていって放す、④何もしない、の四つの態度のどれをとるかというのである。

たいていの人は、③をとるであろう。しかし、鳥類保護連盟の正答は、④となっている。その理由は、ヘビにはヘビの余儀無さがあって鳥のヒナを襲うので、それを排除したら、ヘビの生活は成り立たなくなってしまうからだ。

鳥だからかわいそう、ヘビだから憎らしいというのは、人間の側の勝手な考え方であって、そのために自然界の仕組みやバランスを崩すようであってはいけない、というのである。

大変大乗的な見地、東洋的な自然観を髣髴させられる解釈であるが、これはしかし、生態学の学理に照らしても誤りではない。一見、恐ろしいばかりの自然界の「鬼子母神システム」もそれはそれ、自然界はおびただしい数の子どもを用意して、その激しい消耗に耐えられるように配慮しているのである。

深閑と静まりかえった緑の山野に、このような生々流転が秘められ、それぞれ分に応じた喜怒哀楽があると思うと感慨もひとしおである。

近年は愛鳥思想が発達し、野鳥愛護も国家的規模で盛んになった。既に昭和三十九年に初めて制定を見た愛鳥モデル校も三八年の実績を持ち、全国の小・中学校で指定を受けたものは一〇〇〇校以上に及んでいる。

だから、繁殖期の野鳥の巣や卵やヒナを捕って持ち帰るなどという悪戯は、ほとんど姿を消した。実は、国法を以て、その行為は厳重に禁止されているのである。

昔はもっとのんびりしていて、田園地帯や山村の子どもたちが、小鳥のヒナを生捕りにして意気揚々と帰ってくるのは、その時節には日常茶飯のことであった。今思えば、望ましからぬ行為ではあるが、それはそれなりに一種の環境認識に通じていた。それすら出来ない今の子どもは可哀想である。

ところで、親鳥でさえ日がな一日懸命に餌を運ばなければならないヒナ鳥は、仏教の世界での「餓鬼」そのもののような旺盛な食欲である。これをまともに面倒見る手間は大変なもので、飽きっぽい子どもたちが長続きするはずがない。ところが、ここに知恵者がいて、簡便法を伝授するのである。ここが「餓鬼大将」の尊敬に価するところで、いずれも先輩から伝承した餓鬼大将文化の一端である。

即ち、捕えたヒナたちを籠に入れ、軒先などの目立つところに架けておくのである。親鳥は、ヒナへの愛情に、身の危険も恐れず、懸命に餌を運ぶので、飼養の手間は省ける。しかも、籠に閉じ込めることによって、所有の権利は明確にできるので、まさに「一石二鳥」（今は、こういう非愛鳥的言葉は使わない。一挙両得と言い換えることになっている!?）である。

ところが、このヒナたち、ある日忽然と死んでしまうのが普通である。そこで大人たちは、子どもたちにこう言い聞かせるのである。

「可哀想に、親鳥は、己《おのれ》の子どもたちが捕われの身となり、とうてい救出の見込みがないと覚るや、不憫であるからいっそのことひと思いに殺した方がお慈悲であると認識して、毒を盛ったのじゃ！」子どもたちは粛然として襟を正して聞き、改めて自分の犯した罪の深さを痛感し、二度と再びこのような非道な行為はすまいと誓う。ということで、誠に「修身」の教科書にぴったりの話となる。

ところで、あの小さな頭脳の小鳥類が、果して、高邁な宗教的境地である大慈大悲を理解しているのであろうか？

親鳥は、ヒナが孵るや、本能の命ずるままに、その大きな口の中へ食物を差し込むのに熱中する。「嘴の黄色い若僧」とよく言うが、口のへりが黄色いのは、それを開いたとき、うす暗い巣の中で、黄色い輪が浮び上がって、親鳥がその中へ食物を突っ込もうという衝動を起させる効果があり、食物を差し入れる位置を明示する恰好な標的ともなるのである。こうして、まさに盲目的愛情を注ぎ続けると、やがてヒナは成長し、巣立ちを迎える。そして徐々に自活の能力を昂めて、早晩、親鳥からの給餌は不要となっていく。親鳥の方の衝動的な給餌本能も、ヒナの自活に合わせて減衰し、やがては消失してしまう。こうした時間の経過の中で、ヒナは籠に幽閉され続け、巣立ちをしようにも、自活をしようにも、そのTPOさえ与えられない。一方では、時間と共に親鳥の給餌衝動は消失する。そうなれば、結果は明らかである。哀れヒナたちは、一斉に餓死してしまうのである。

科学は非情なもので、味もそっけもない。この「修身的美談」も、すべて本能のプログラミングが、精確に推移した結果に他ならないが、たまたま、他の幾つかの条件づけとの脈略が、子どもの悪戯という予期されないアクシデントで絶たれたので一気に破局を迎えたにすぎない。

しかし、考えてみると、自然界が、この時節に仕組んだプログラムの何と緻密で精確なことであろう。改めて畏敬の念を抱かざるを得ない。

あの可憐で利発そうな小鳥が、案外おバカさんであることは、いささか幻滅であるが、そうかといって、鳥たちはすべてが本能のままに機械的に生きているのではない。

山階鳥類研究所の黒田長久博士によれば、ハシブトガラスの三羽のヒナのうち、二羽が先に巣立って集団の一員として加わっていったケースで、遅れた一羽を親鳥が懸命に面倒を見て、何と九四日も哺育を続けて、一人前に育てたそうだ。この話に、私は何となく、心のやすらぎを覚えるのであるが……。

縁木而求魚

「木に縁《よ》って魚を求める」という諺《ことわざ》がある。『孟子』の梁恵王編・上がそのルーツで、誤った方法で得ようとしても求めることができない、ということの例えで、転じて、はじめから出来っこないことの意味にも使われている。

ところが、これが可能なのである。ただし、その媒体に鳥が介在することが条件である。カワウは、大きな河や内湾で潜水して魚を捕まえてこれを食べる魚食オンリーの水鳥であるが、どういうわけか、樹上に営巣する。それも、ほかの鳥が、寒さにふるえて繁殖どころでない真冬に卵を温め、ヒナを育てるのだから異色である。

ヒナが孵ると、親鳥は、これにせっせと餌を運ぶようになる。

ヒナが幼いときは、半分消化した魚を口移しに、というよりか、ヒナの方が親鳥の口の中に頭をつっこんで、親の胃から逆流してくる半消化の魚をむさぼり食べるのである。

そのためにであろうか、ヒナの頭部には毛がない。幼いのに何となく爺むさい顔付きなのは、頭髪がない上に、しわだらけだからであろう。これは、動物の屍肉をむさぼり食べるハゲワシやコンドルに似ている。ハゲワシはユーラシア大陸、コンドルはアメリカ大陸に棲む全く別種の鳥類であるが、大型動物の死体の胴中に頭をさし入れて、腐敗した肉などを食べる性質は共通している。

こういう生活では、頭部に毛があると、血液や肉汁が付着して食事後の手入れが大変であろう。いっそのこと、毛がない方が便利である。ウのヒナも、似たような理由で、首から上に毛がない方が生活に便利なのであろう。但し、ウのヒナは、大きくなれば、頭の羽毛は生えてくる。

このようにカワウのヒナが大きくなって、親鳥が、ヒナのために捕まえた魚をそのまま与えるようになった頃、カワウのコロニー（集団繁殖地）である森を訪れると、しばしば、活きのいい魚が、地上に転がっていることがある。粗忽な親鳥が、せっかく、捕まえてきた魚を、取り落としてしまったものである。

カワウは、水鳥で潜水は得意であるが、翼面積に対する体重の割合が大きいので、舞い上がるときは、助走が必要である。従って、陸上では、樹上から飛び降りるようにして飛翔に移るが、森の林床《りんしょう》におりて、落とした魚を拾い上げるという器用な、また、かなり危険を伴う行為はしない。

一度、地上に落とした魚は、物理的にも所有権を放棄したことになる。これを人間が拾って持ち帰っても、相手がカワウでは遺失物横領の罪に問われることはない。

かくて、人は「木に縁って魚を求める」ことが可能と相成るわけである。

中には知恵者がいて、カワウが、魚を一杯、喉の袋に納めて戻ってきたのを見はからって、ポンポンと手を叩くなどして脅かす。すると、びっくりしたカワウは、口中の魚を吐き出して、身軽になって逃げ去る。地上の人間は、活きの良い魚をよりどりみどり、好きなだけ拾うことができる。

これは、考えれば鵜飼いと同じ原理である。鵜飼いは、ウが一度飲み込んだ魚を吐き出させて、それを人々が賞味するのであるから、カワウの吐き出した魚を、だから不潔であると決めつけるいわれはない。鵜飼いの場合、ウは鵜匠の管理下にあって、捕った魚を強制的に取り上げられる立場にあるが、コロニーでのカワウは、そうでない。しかし、脅迫に屈してせっかくの獲物を結果的には奪われるのだから似たようなものである。

鳥学者、清棲幸保博士の調査によると、カワウが捕まえる魚類は、フナ、イナ、カレイ、セイゴ、コハダ、ヒメマス、ウナギ、ウグイ、ヤツメウナギ、コイ、アナゴ、イワシ、セグロイワシ、コノシロ、サヨリ、ボラ、キス、コチ、ナマズ、ヒラメ、ハゼ、ドジョウ、ヒシコ等二四種に及び、時に長さ三五センチメートル、重さ一五〇グラムの大物（?）もあるというから、ちょっとした魚屋さん顔負けである。

しかし、こういった呑気な魚拾いができたのは、昔のこと。カワウのコロニーは全国的に著しく衰退し、かつて殷賑を極めた千葉県の大厳寺や、羽田の鴨場のコロニーは今や跡形もなくなってしまった。その後の保護・育成への懸命の努力の結果、愛知県の知多半島に一万羽、上野動物園の不忍池を原点として首都圏に一万五〇〇〇羽、琵琶湖に一万羽が「復活」し、今やその度が過ぎて新しい問題を生み出している。従って、現状では「木に縁って魚を求める」ことはしていない。

七つの子

七月頃になると、その年生まれの子ガラスを連れたカラスの家族群を見かけるようになる。森の茂みの中でガラガラガラとだみ声でしきりに親を慕う子ガラスは、ひねもす鳴き続け、餌を口にしたときだけ、グワワワとその声がくぐもって聞こえるのが微笑ましい。

このころの子ガラスは、親とほとんど同じ大きさに成長し、しかも羽毛がボサボサと逆立っていることが多いので、時には、よりスマートな親より大きく見えることがある。「烏に反哺《はんぽ》の孝あり（小爾雅『事文類聚』）」と昔の人が子ガラスが親に餌を与えるように見立てたのも、いかにももっともと思える。「慈悲と本能」の章でも触れたが、山階鳥類研究所の黒田長久博士の観察によると、発育の遅れた一羽の子ガラスを九四日の長期にわたって養育し続けたカラスがいたという。普通、野生動物は、弱い子どもに対しては厳しく、イヌでも弱々しい子イヌには授乳を拒否することが少なくない。鳥界で最も知能が発達しているとみなされるカラスの親の努力は、厳しい野生の世界の中にあって、何となく救いがある。

「反哺の孝」はまさに一種の誤解であるが、最近になって私はカラスに関する意外な誤解を知る機会があった。

「烏　なぜ啼《な》くの　烏は山に　可愛《かわい》七つの　子があるからよ」

大正十年七月、野口雨情が「金の船」に発表したこの童謡は、本居長世の作曲で国民に広く親しまれてきたが、親しまれ過ぎてドリフターズが「カラスの勝手でしょ」などとやったので、当時の文部省の顰蹙《ひんしゅく》を買うようになってしまった。私どもの〝鳥学的見地〟からいえば、カラスの産卵数は、最も身近なハシブトガラスで三～六卵、同じくハシボソガラスで三～五卵、仮に孵化率を一〇〇パーセントとしても「七つの子」はいささか異例に属するほど多産の一家である。「五つの子」とすれば語呂も合うし、鳥学的にも正確であるのだが……などと不粋な考証をして、それを人様にお話ししたりしたものであった。

ところが、ある時、ひとりのご婦人が「へえー、七つの子とは七羽のことですか、私は今が今まで七歳の子だと思っていました」と、おっしゃったのである。私はびっくり仰天した。それは、私どもには思いもかけぬ異質の発想であり、解釈であったからである。

第一、カラスで七歳といったら相当の年輩で、恐らく人間に例えれば、中年より初老に近かろう。残念ながらカラスの平均寿命についてのデータが見当たらないが、リゼウスキーによると、ミヤマガラスの一九年と一一カ月というのが、大変な長寿ということになっている。自然界は厳しいので、野鳥の平均寿命は想像以上に短く、イギリスの鳥学者D・ラックは一九五四年に小鳥の平均寿命を多くの統計からわずか一・五年と発表して学界を驚かせた。残念ながらラックの研究の中にカラスのそれがなかったが、カラスより小さいがスズメより大きいホシムクドリが一・五年、カラスよりやや大きいセグロカモメが二・八年、同じくマガモが一・六年であるから、七歳のカラスは決して若いとはいえまい。『シートンの動物記』に登場する「銀の星」と名付けられたカラスは、カナダのトロントの近くの森に二〇年以上生きていて、一八九三年の冬、キャッスル・フランクの森でワシミミズクに殺されているのが確認されたが、この二〇年以上という数値に科学的な根拠はない。

人間でいえば、七歳の子どもは小学二年生、まだ幼さが抜け切らず、それこそ可愛い盛りである。

子育てには男性以上に苦労するお母さん方が、「七つの子」を七歳の子どもと受け止めるのは、極めて自然な人情ではなかろうか。

しかし、この話は、私にはショックであった。「専門バカ」という言葉があるが、その道の専門性に馴《な》れてしまって「七つの子」を、カラスの「クラッチ（一腹の産卵数）」としては多過ぎる、五つにすれば良かったのに……などと単純思考を続けて、全く疑おうともしなかった視野の狭さを思い知らされたのである。

カラスは知恵の発達した鳥で、オーストリアの高名な動物学者K・ローレンツによると、コクマルガラスは、数も六までは数えられるという。それを知らない鉄砲撃ちがカラス退治に出かけて、いつもしてやられるのは人間の勉強不足である。

そのカラスの脳味噌は何とたったの一四グラム。人間はざっと一二五〇〜一三九〇グラムあるというから、単純に重さでいえば、カラスのは人間のわずか一パーセントでしかない。

それなのに、あれだけ知恵が回るのだから、これは、カラスの脳味噌の質が極めて高いか、人間の方がよくよくお粗末なのか、どちらかであろう。核兵器を振りかざしていがみ合っているのなど、「山では鳥がかあかと笑（文部省唱歌「案山子《かかし》」、明治四十四年六月）」っているかもしれない。

一富士二鷹

初夢に、一富士二鷹三茄子《なすび》を見るのは縁起の良いことの筆頭に挙げられるが、誰しもがそう思惑通りにこの夢を見るわけではあるまい。

なぜ縁起が良いのかについて、私は幼い頃、これは仇討《あだう》ちの願望成就にあやかったものと聞いた。即ち、一富士は、建久四（一一九三）年五月、曾我の十郎五郎兄弟が富士の裾野で、父の仇《かたき》工藤祐経《すけつね》を討った話。二鷹は、元禄十五（一七〇二）年十二月、大石良雄以下四十七人（実際には一人脱落して四十六人）の赤穂浪士が、主君の仇吉良義央を討ったときの、浅野家の紋所が鷹羽（違鷹羽）紋であった話。三茄子は、寛永十一（一六三四）年十一月、荒木又右衛門が、伊賀上野鍵屋の辻で、妻の弟渡辺源太夫の仇河合又五郎を討つのに助太刀をして、三十六人を斬った（実際には敵方四人、味方一人の五人が死んだだけ）折の又右衛門の襷が、茄子紺色であった話に因むというのである。戦前は、日本三大仇討ちなどといって、こんな殺伐な話が講談調でもてはやされていた。今や全く本当なのかしら？　といった遠い記憶の世界に埋もれた話である。むろん、新人類と目される若い人たちには無縁な話であろう。

肥前平戸の藩主松浦静山の『甲子夜話《かっしやわ》』によると、徳川家康が駿府にあったとき、大好物の茄子を、あるとき時節外れに求めたら、法外な値であったという。家康は慨嘆して、世に高きものは、一に富士山、二に足高（愛鷹）山、三に茄子（の値段）である、と言ったことに発するという。

それゆえかあらぬか、駿河のあたりでは、「一富士二鷹三茄子四扇五煙草……」といったリズムの良い俗言があった。

しかし、これがどうしてめでたいのか、その辺のところは、いまひとつはっきりしない。

富士が、霊山秀峰しかも日本一の高さであること自体、大いに慶賀に値する要件であろう。タカはワシよりは小さい猛禽であるが、勇猛果敢な性質の上、その容姿に威厳と気品を感じるので、古来霊鳥とされ、神の使者ともされた。西洋では、太陽、光、速さ、力などの象徴とされ、その高貴さから、エジプトでは神そのものとして崇められた。ギリシア神話では、太陽神アポロに捧げる霊鳥とされている。タカの羽は風を生む力を持つと考えられたので、中世には、家の中にタカが飛び込むと幸福な生活が約束されると喜ばれた。政治家、にわか成金、暴力団のボスなどが、タカの剝製を、権力、武力、威圧の象徴として飾り立てていた。これが鳥類保護に逆行し、国の内外から顰蹙を買っていることを御当人方は全く自覚していないのだから、まずはおめでたいと言っていいだろう。

それはともかく、このくらいの要素を並べ立てれば、タカがめでたい鳥と目される訳も、何となくわかる気がする。

ハイタカというハトくらいの大きさのタカがいる。小柄なので哺乳類よりも小鳥を襲うことが多い。前にも述べたが、日本鳥類保護連盟の計算では、ハイタカ一羽が生存し続けるには、一年間に七七九羽のシジュウカラ（換算値で）の捕食が必要であるという。このシジュウカラ一羽は、一年間に一二万五〇〇〇匹のマツシャクトリ（松尺取蛾の幼虫）を必要とする（レーリッヒの計算による）ので、七七九羽では九七三七万五〇〇〇匹のマツシャクトリが必要となる。この一億匹弱の毛虫の幼虫を養うには、キハダの森（に換算して）が四二〇ヘクタール必要であるという。ざっと二キロメートル平方である。ハイタカとほぼ同じ大きさのアメリカチョウゲンボウ（ハヤブサの一種）は一年間に二九〇匹のネズミを捕食するというが、この他にも小鳥や昆虫も食べるのである。

食う食われる関係の食物連鎖の中で、上位に位する食肉性のタカのような猛禽の生活を支えるには、いかに莫大な生命の数と、エネルギーの流れとが必要であるかがよく理解できるであろう。たった一羽で、これだけの員数の生命に支えられ、広大な緑地を必要とするタカ類は、これを裕福な物持ちに見立てることができよう。そこで、初夢のタカを、富貴の象徴として、めでたがってもよいと思う。しかし、自然界のバランスの機構は厳しいもので、七七九羽のシジュウカラのほんの一羽でも、あるいは、そのシジュウカラを支えるマツシャクトリや緑の一角が、ほんの少し欠けるだけで、ハイタカの存立は危うくなるのであるから、この富貴は、まさに夢のはかなさにも相通じるのである。

弱きは滅ぶ

文明社会では様々な歪《ゆが》みを生じて、各種の病根がはびこるものであるが、幼児虐待もそのひとつであろう。継子苛めは昔からどこの世界にもあり、これは「遺伝子のエゴイズムがなせるわざ」であるという動物行動学の学説の台頭があって、なるほど！　と妙に納得させられる。猿の世界では高等な類人猿であるチンパンジーでも、再婚の際の連れ子を、オスが殺してしまう。これは自分の遺伝子だけを残したいという本能のしからしむるところであるという。でも、人間の継子苛めは、どちらかといえば、継母の場合が多いのが一般通念である。

最近では虐待のあまり、子どもを死に至らしめる親が増えているが、この場合、親の男女差があまりなくなっているのが特徴である。これは、ヒトがこのジャンルでチンパンジーに近づいてきたものか、あるいは都市文明の目に見えない欠陥が具象化したものであろうか。

さて、ツバメのヒナが巣の縁にずらりと並んで、大口開けて餌をねだる光景はいつ見ても微笑ましい。懸命に餌を運ぶ親鳥の姿は感動的で、身近な光景だけに、人々は人の世界になぞらえて教訓的にこれを解釈した。「ほら、見てごらんなさい。小鳥でさえあのように分け隔てなく公平に子育てをするのだから……」

しかし、事実は決して公平ではないのである。食べ物がふんだんにあって、親がひっきりなしに働いて餌を運び続ければ、満腹したヒナは餌を求めなくなるので、他のひもじいヒナがありつけるようになって、結果的に公平な状態になるのである。だから、ツバメのような小鳥は、餌になる小昆虫がふんだんに発生する初夏に子育てをするのである。

これが食物の入手に多大の努力が必要な大型の猛禽の場合には、なかなかこうは行かない。以前のように、今より自然が豊かで獲物が入手しやすい時期でも、ヒナには発育の差が生じやすかった。そこで天の配剤はヒナの数を少なくして、そのかわり確実に成育できるようにするのであるが、それでも時間の経過とともに発育の差はだんだん大きくなる。

人間の親ならば、出来の悪い子ほど可愛いといって、発育の遅れた子を懸命に哺育してその成長を健全なレベルに近づける努力をするものであるが、猛禽の親はそうはしない。全く自然の成り行きに任せっ放しである。

苦労して入手した獲物を持って巣に帰ったときは執拗にがめつく餌を求めるヒナに、これを優先して与えるから、大きなヒナはますます育ち、ひとたび発育に差がついたヒナは、どんどん成長が遅れるばかりである。数週間もたつと、まるで長兄と末弟、あるいは親子ほどに大きさに差が生じてしまって、もはや取り返しがつかないほどになってしまう。

人間的に見ると、いかにも兄弟の違いのように見えて可愛いのであるが、そうではない。ほとんど同時に生まれたのに、発育の差が生じたものなのである。

これに対して親鳥は修正への努力を全然しない。

そんなある日、この小さなヒナは忽然と巣の中から姿を消してしまう。大きくて元気なヒナから巣の外に蹴落とされてしまうこともあるが、フクロウのように樹洞の底に生活する場合は、大きい方が小さい方を食べてしまうのが普通である。

何たることぞ！　まさに畜生道ではないか、といっても自然界ではこれが自然である。この現象は、ライオンの世界でも、イヌの世界でも同様である。親は弱い子への哺乳を忌避さえする。

その一方でこんな観察報告もある。産卵に時間がかかり、それゆえに全てのヒナが孵化しおわるまでに時間がかかるカワセミの場合、親鳥は先に生まれたヒナに対して発育調整をすることが、国立科学博物館附属自然教育園の矢野亮《まこと》主任研究官によって報告されている。先に生まれたために過剰に発育しないよう、与える食物を調整するのだそうだ。

ところで日本は今、世界最高の寡産少死の国で、新生児の死亡率は一〇〇〇分の二・二（二〇〇〇年）である。アメリカ合衆国は一〇〇〇分の七・二（一九九八年）であるが、要施療幼児の数は世界最高であるそうだ。医療福祉が行き届いていることもあるし、親が子育てに熱心だということもあろう。でも、別な見方をすれば、ひ弱な子しか生まれていないと見ることもできよう。厳しい産児制限で、一人っ子の多い中国では、超過保護から、甘ったれのどうしようもない子が育って、大きな社会問題となっている。これはしかし、よその国のこととして楽観していられない。わが国にも共通する問題である。

猛禽のように生まれたときから厳しい試練に打ち勝って育つ子のほうが、種属の永続と安泰に大きく貢献するのであろうが、さて……。

カワセミ

リンの運び戻し屋

東京湾を出た房総半島の洲崎《すのさき》の西一五キロメートル、三浦半島の城ヶ島の南一八キロメートルほどの相模灘に、沖の瀬（沖ノ山海山）と呼ばれる浅瀬がある。何せ深さ一〇〇〇メートルもある相模舟状海盆の東側に、わずか六二メートルの深さまで屹立する海の中の「山」であるから魚族も豊富で、昔から重要な漁場となってきた。

ここに「ウノクソ」と名付けられたアコウの漁場がある。

このポイントは、ヤマを立てる（三角測量の要領で、陸地の目印二地点以上を結ぶ線の交点を求めて、海上の特定位置を決める方法）ときに、城ヶ島の断崖の、ウの糞で真っ白に彩られたそれを主要な目印とするために、そう呼ばれるのである。

城ヶ島の南側、大海原に面する「本《ほん》の下《した》」と呼ばれる断崖絶壁には、毎年、冬になるとたくさんのウミウと少数のヒメウが、北国から寒さを避けて越冬に飛来する。日中は、相模湾や浦賀水道に魚を捕食するために出かけるが、日没時には、全員、この島に帰投し、ここを塒として夜を明かすのが、彼らの冬の日課となっている。十月の渡来初期は目立たないが、十二月ともなると、本の下の断崖には、ウの排泄物で白いペンキを塗ったように彩られるようになる。

ウミウ

この崖の白さを、我々は「ドーバーの白い崖」に見立てて興じるが、晴天の日は、四〇キロメートル離れた伊豆の大島からも認められるほどよく目立つものである。ウのような海鳥の糞は、厳密に言うと、白いペイント状で糞というよりはむしろ尿である。この白い尿の中には、大量のリン（燐）酸と尿酸を含んでいる。

リンは、人間はもとより、動物の生存に不可欠な必須構成元素のひとつであるが、代謝の結果、体外に排出されると、いろいろな経過を経て、究極には、深い海底にマリンスノーのように堆積してしまう。だから、どこかで補給しなければなくなる一方である。地球が宇宙空間に浮かぶ球体である限り、ひとつの閉鎖系であるので、宇宙からリンが補給される望みはまずない。

となると、地球の上では、限りあるリンを、何回もリサイクルしないと、動物は（少なくとも陸上動物は）その生存がおぼつかなくなってしまう。

海底に堆積したリンは、海底火山の爆発、寒い海での冬期の逆対流、そして局地的に起こる湧昇流などによって舞い上がり、浅い所にまで至ることが多い。それがプランクトンの体内に取り込まれ、イワシのようなプランクトンイーターに捕食されて魚の体内に移行蓄積される。ウやペンギンやカモメのような魚食性の海鳥は、魚の体内に蓄えられたとはいえ、水の中にしか存在しない大切なリンを、再度、陸上に運び戻すという重要な役割を担っているのである。

南米ペルーの沿岸に多いグアナイシロハラヒメウは、アンチョビーと呼ばれるカタクチイワシを大量に捕食するが、律儀なこの鳥は、「大切な漁場を汚すまいぞ」とするのか、陸地に戻って排泄する。それが永年にわたって堆積し石化したものをグアノ（リン鉱石）と呼んだ。これはインカの時代から肥料として重用されていたが、一八四〇～八〇年の四十年間は、ペルー史上最大の輸出産物となり、一〇八〇万トンを輸出、六億ドルの外貨収入をもたらした。一八六九～七五年頃には、歳入の八〇パーセントに達したという。乱掘と化学肥料の登場で、一八八〇年以降、急速に衰微するまで、リン鉱石としてのグアノは、世界中に知られていた。

日本でも、カワウの集団棲息地に砂を敷いたり、ワラやムシロを広げて、樹上から落ちてくる糞をこれにしみ込ませて回収し、肥料として売ることが行われていた。知多半島の小《こ》鈴谷《すがや》付近では、天保年間から、そのためにカワウを保護し、その結果、一回に一二〇～一三〇荷の採肥ができたという。売上げ利益は、村民に分配したり、公共事業や社寺の修復に充てたが、そのひとつに小学校の建設もあった。まさに糞立小学校である。

現在、肥料としてのリンは、リン酸塩などの形で化学工場で合成され、大量に供給されるが、使用後のリンをリサイクルするのが、相変わらずウのような魚食性の海鳥であることを、この化学工場の従業員、農協の職員、農業に従事する人々が、どれくらい認識しておられることだろう。城ヶ島で、見事なヒジキやワカメが育つのも、ゆえなしとは言えないと思う。

少し前まで食肉率が一四パーセント以下で、それもほとんど魚食であった日本人も、有機リンの陸上への還元に大きな役割を果たしていたといえるだろう。ただし、これには大切な条件がある。すなわち、排泄物を下肥として、農地の土に投下することである。

現在の水洗トイレ、下水道への放流方式では折角の魚食も何の生態的意義がない。海鳥に劣ること甚だしいというべきであろう。

鳥の清掃

ある教育雑誌に「だらしない子ども」という特集があったので喰い入るようにして読んだ。どうしたら、だらしなさを直せるか？　は、私の秘かな悲願とするところで、それへの解決の糸口が見出せるならば、と藁にもすがる思いなのである。

子どもの頃は、もう少しましであったはずだと記憶するが、年をとるにつれて、だらしなさが亢進し、今や、末期的症状を呈するようになった。「汗牛充棟《かんぎゅうじゅうとう》」という言葉があるが、小さな私の部屋は、書籍、文献、文具、それに関わる諸々が、まさに瓦礫の如く積み上がり、山を成し、落下し、あるいは崩壊寸前の状態で、この部屋での起居振舞いは、エアロビクスや太極拳のようなスタイルで、地雷原を行く兵士のような足どりでないと、大変なことになる。それでも、時々、音を立てて自然崩壊が起こるので、地すべり危険地帯のようなものである。

それでも、整理整頓はしなければいけない。清潔は至上のものといったモラルは、人並に躾《しつ》けられているので、だらしなさは、常に、私にとって、大きな桎梏《しっこく》となってつきまとう。

こうした日常の翳りを負いながら、自然の中の鳥たちの生活を覗くと、まあ、何と彼らは常に身ぎれいで、清潔で、一分の隙もない見事な「だらしのある」生活をしているのであろう。

大体、自然界では、不要のゴミは、地表に落とせば良いことになっている。植物では、枝、葉、茎、幹、それに果実などで、所要の御用を務め上げたものは、皆地上に横たわるものである。

動物の排泄物や死体も同様である。そうなると直ちに、スカヴェンジャーと呼ばれる屍肉・腐肉処理者や、サプロファージェスと名付けられた、死んだ生物を食物として生きる動物たちが、群がり集まって、きれいに片づけてくれる。地表から、地下数十センチメートルの範囲で、デトリータス（残渣）生態系というシステムがあって、バクテリアを入れると、一平方メートル当たり兆単位での小さな生物が、黙々と有機物を分解し、還元してくれるのである。

人類は、家屋の中に床を張って住むようになってから、この処理システムをキャンセルしたので、私のように旧態然たる野性を改められない個体は、常に顰蹙《ひんしゅく》を買って、肩身の狭い思いをするようになった。

鳥類の巣は、人間のハウスやホームの概念とはやや異質な、例えていえば、産院と同じ機能を持つものであるが、それでもある期間、家族がそこを拠り所として、同棲することに違いはない。

発育盛りのヒナたちは、絶えず、親鳥から給餌を受けては、それに見合った排泄をする。これは、小鳥の場合、ゼラチン状のカプセルに包まれて、運搬しやすいようになっているので、親がその都度運び捨てるので問題ない。

大型の鳥や大きく育ったヒナの場合は、ヨシゴイなどは生まれたばかりのヒナでも、自ら巣の縁に近づいて、外へ勢いよく放出するので、これも地上の処理係に後事を託すことができる。

ただ、巣の中では、シャワーを浴びるのも入浴もできないので、発育盛りのヒナの身体から出る、垢、ふけ、抜け毛、それに生長する羽毛を包んでいた羽軸の殻などが、巣の底に堆積するのは仕方がない。すると、親鳥は、頃合いを見はからって、巣底の巣材をくわえて、巣全体を激しく揺さぶるようにする。すると、これらのゴミは、巣材の隙間から抜け落ちていって、巣の中は、あっという間にきれいになってしまう。

何というあざやかな発想であろう。で、私も早速、と考えた。

しかし、もしも、書斎の床を格子張りにして、時にスイッチを入れるとそれが振動して、すべての小物がそのメッシュから抜けて奈落の底へ消え去ったとしたら、またまた新たな、パニックを生むであろう。消しゴムは、万年筆は、時計はどこへいった？ そして、机上に残るのは、大型の辞典や長い物さしばかり、ということにでもなったら、私の生活は大崩壊する。それでは仕方ない、家族の怨嗟や顰蹙を百も承知で、現状維持を続けるのが、現況では分別というもの、とか何とか理屈をこねるので、私のだらしなさは、直るはずがない。

サイチョウという鳥が熱帯にいる。樹洞に巣を営み、外敵を防ぐため、餌を与えるだけの隙間を残して入口を塞いでヒナを育てる。そこでサイチョウは、巣の中に、八種四三八個体もの、ゴミ処理用の小昆虫を同居させているが、そのため、巣立ち後の巣内はゴミひとつなく、においもしない清潔さであるという。この方式が、さし当たって、私の整理整頓にとって、戦略たり得ないのが、残念である。

鳥が運ぶもの

鳥は飛翔の名手なので、場所から場所への移動はお手のものである。移動には多かれ少なかれ、運搬という行為が伴う。ある事情があって鳥の運搬、「鳥が運ぶもの」について真剣に考える機会があった。

先ず無形の運搬がある。たとえば渡り鳥による季節感の運搬がある。「卯の花の匂う垣根に時鳥《ほととぎす》早も来鳴きて忍音もらす夏は来ぬ――佐佐木信綱」は、夏鳥であるホトトギスの渡来に夏の到来を情報として感知したことになる。

「きょうからは日本の雁《かり》ぞ楽に寝よ――小林一茶」は冬の到来の認知でもあるが、ここには深いアメニティの運搬（？）がある。

マレーシアでは死者の霊魂は鳥によってあの世に運ばれると信じられているが、日本でも日本《やまと》武尊《たけるのみこと》が亡くなったとき、「八尋の白ち鳥」と化して飛び去ったと『古事記』にある。また山口県の土井ヶ浜の弥生時代の遺跡から発掘された少女の骨は、胸に鵜（の骨）を抱いていたが、これは親に先立った子の魂を、遠い海原の彼方にあると信じられた冥府にまで案内してほしいと、冥府の使者と目される鵜に道案内を託した親の措置であろうと考えられている。チベットなどで行なわれる「鳥葬」の儀式も、死者の魂を鳥に託し、同時に残された遺体に悪霊が宿るのを防ぐために、それをハゲワシの一種に食べさせてしまうものである。

ヨーロッパでは赤ちゃんはコウノトリが運んでくるものという伝承があるが、もちろんこれは無形抽象の世界の話である。

遠い昔、鳥が大切な食料や装身具の原料のひとつとして狩猟の対象とされていた頃、鳥は肉と羽毛の運搬者であった。ただし、この場合は自らの肉体をそれに供したのであるから、この運搬者は捨身菩薩の化身のような存在であった。卵も自然の中で採取するかぎりは鳥が運んできた食べ物と言えるだろう。今の狩猟はスポーツ・レクリエーションの楽しみを運搬（？）してくれることになるであろうか。

鳥が緑の運搬と伝播に与って力あることはどのくらい評価されているであろう？

植物の種子は、風、水、動物、斜面を転がり落ちる「どんぐりころころ　ドンブリコ——（青木存義）」などによって拡散するが、鳥に食べられて、あるいは鳥に付着して運ばれる場合、かなりの遠距離に拡散分布される可能性が高い。私の家の猫の額程度の庭でも、一六種類の樹木が生えているが、その中で私が植えたものはわずか四種類、あとは給餌台に集まるヒヨドリ、シロハラ、ムクドリ、メジロ、ウグイス、スズメなどの野鳥が運んだものである。因みに、全く不毛であった造成地に住んでから四〇年になる。

以前、有害鳥獣駆除で捕獲されたヒヨドリを調べたとき、その風切羽にイノコヅチの種子がついているのを見た。路傍の雑草で哺乳動物や人間の靴、靴下、ズボンの裾などに種子がついて運ばれるので、この手の草の種子は、「ひっつきむし」などと総称されているが、ヒヨドリの羽について空路運ばれるのは意外であった。これはまた、ヒヨドリが地上で活動することの証拠にもなった。

三浦半島では冬期、キャベツやカリフラワーがヒヨドリに食害されて農家を困らせているが、樹上で生活することが多いヒヨドリが、この際には地上の畑に降りて採餌するのである。イノコヅチはこういう機会にヒヨドリの羽に付着するのであろう。

鳥はしかし、時に病原の運搬もするようで、日本脳炎や流感のウイルス、あるいはもっと恐ろしい狂犬病の伝播のキャリアーとしての危険が医学関係者によって指摘されている。

一九九九年九月の朝日新聞によると、ニューヨークで、渡り鳥が運んだ脳炎ウイルスが、その血を吸ったカによって媒介され、このカに刺されたカラスが大量に死亡し、人にも感染したという。

体温が平熱で四〇度もあるカラスが発病したというニュースは、別の視点から興味深い。高い体温を持つ鳥類は、普通感染症に対しては高い耐性があるといわれているからである。

鳥の運搬で、大切なエコロジーに関するものに、「リンの運び戻し屋」の章で述べた有機リンの陸揚げがある。人を含めて動物の生命維持に不可欠の有機リンは、究極には川などを経由して深海の底に堆積してしまうが、海の食物連鎖の末端に位置する海鳥は、少なくとも繁殖の際は必ず陸上に戻るので、その機会に有機リンが排泄され、再度陸上に運び上げられることになる。海鳥の果たす生態的役割は極めて大きいのである。

嫁入り修行、あるいは見習い奉公

戦前（昭和十二年）、帝国大学出の初任給は七十五円であったという。海軍工廠の熟練工といわれる人たちの月給が三十円。これで所帯が持てて充分やっていけた時代であった。官僚が幅を利かしていた時代だったから、高等官ともなると月給二百円、お手伝いが二人も雇える経済力があった。いま、給与が当時の一万倍くらいになっていれば、大学出が七十五万円、官僚が二百万円の月給となるわけで、それならお手伝いを二人雇うこともできるであろうが、現実には、その四分の一程度しかない。思えば、所得の額面のわりには実質は伴っていない。

その昔、農家の少女は、高等小学校を卒業すると、家事見習いといって、都会住まいの比較的裕福なサラリーマンの家庭に奉公に出たものであった。そういう少女を引き受ける方も、職業上の労働力というよりも、近い将来お嫁にいったときに、適切に家事を切り盛りできる能力をつける、いわば現場教育のようなニュアンスを充分心得て、この可憐な「お手伝いさん」を受け入れたものであった。だから親戚、知人など安心して託せる家に奉公に出すのが普通だった。

猿の世界を見ていると、少女猿が子持ちの母親に上手に取り入って、その赤ん坊猿を抱かせて貰うことがある。そうした時の少女猿の喜びようと、その子猿への慈しみよう、世話の焼きようはまさに、母猿見習いそのものである。人間の子どもでも、少女はお人形遊びからひいては幼児の面倒見、いたわり、世話焼きなどに熱中するもので、同じ年代の男の子は、人も猿もこういう遊びはしないのが普通である。

遊びを通じて生活の技術や智恵を学ぶのは、遠い狩猟文化の時代から、ここ半世紀くらい前までの日本では、あたりまえのことであった。いまでも、世界の子どものほとんどは、そういう遊びをくりかえしているであろう。文明が極度に進んだ一部の「先進国」の子どもたちの遊びが、いま、そうでなくなっているのは、むしろ異例、異常なことというべきである。

鳥の子育て（正しくは育雛という）は、原則的に雌雄の両親、つまり親鳥の手で行なわれるもので、他の鳥の手を借りたり、子どもに手伝わせたりしないのが普通である。中には、メスだけ、あるいはオスだけの手で育てる鳥もいなくはないが、大体が婦唱夫随的でややメスのほうの働きがよいのが普通である。だから、集団で繁殖しても、自分の子以外は面倒を見ず、むしろよその子を排除し、ときにはその排除の度が過ぎてつつき殺してしまうことも少なからずある。青森県八戸市の蕪島はウミネコの繁殖地として有名であるが、超過密状態の繁殖コロニーの中で、ヒナの死亡原因のほとんどが、歩けるようになったヒナが、まだ分別のないままに、よそのウミネコのなわばりに侵入したときに、そこの成鳥につつき殺されることであるという。こうして、生まれたヒナの三〇パーセントは死亡するというから凄い。

ところが近年、エナガという小さな野鳥が、集団で共同育雛をすることが判ってきた。しかも、さらに調査をすすめると、この共同育雛には昨年生まれたメスの若鳥が多く係わっているこ

エナガ

とが判った。まさに家事見習いである。オナガにもこういう育雛補助行動が観察されている。オナガはカラスの仲間、エナガはカラス科も包含されるスズメ目の小鳥で、オウム、インコの類とともに、現在の鳥の世界では最も進化の進んだ知能の高いグループの鳥たちである。猛々しい猛禽がその威力にものを言わせて他の鳥を奴隷に使わないのは、それだけの知能がないからなのであろう。

アリの世界には、奴隷を使う種類がいる。ただし、脊椎動物の知能と同じ機構によるものではなく、遺伝子に記憶されたプログラムの、機械的再演とでもいうべき本能的要素の高い機能である。

いまのところカラス科の鳥で奴隷を使ったという話はない。身内の女の子に子育てを手伝って貰うところが、何とも平和的で微笑ましいではないか。

鳥葬

一九九四年度ピュリッツア賞の受賞写真は、アフリカで餓死寸前の幼い女の子の、後ろから迫るハゲワシの写真であった。毎度問題になるのが、この撮影者は、この幼女を助けなかったのか？　というヒューマニズムからの批判である。

この鳥、日本ではハゲタカと呼ばれることが多いが、シロエリハゲワシの類でアフリカに多いコシジロハゲワシであろう。シロエリハゲワシは群れて生活する大型のハゲワシで、ユーラシア大陸やアフリカに広く分布し、五種類を数える。ハゲタカというタカはいないのである。

その問題は問題として、ハゲワシは主に動物の死体（それもかなり腐敗の進んだものまでも）を食べる習性があり、ハイエナや昆虫類の糞虫（エジプト王朝のシンボルとなっているスカラベなど）とともにスカヴェンジャーとして自然界では、生態系の清掃係として、地味ではあるが重要な役割を果たしている。

もしも生態系の中に、このような役割を果たす動物群がいなければ、自然は不潔極まる世界と化すであろう。

多くの鳥は美麗、明朗、活発、可憐、幸福の象徴的存在と目されることが多い。しかも、人類が自力ではできない飛翔ができるので、人々は昔から鳥にはいろいろな願望を秘めたイメージを描き、そこに神性を認め、神の使者としてこれを遇することが多かった。このことについては、「鳥が運ぶもの」の章で述べたとおりである。

ハゲワシ類（分類的には縁の遠いアメリカ大陸のコンドル類も）は、鳥界の異端者で、不気味、不潔、暗いイメージが強い鳥であるが、これが死者の霊魂をあの世に運んでくれると信じて、葬儀にこれを用いる人々がいる。

俗に鳥葬といわれる葬儀の方式で、チベットの一部の人々と西インドのゾロアスター教徒パールーシーの人々が行なっている。すでに、テレビのドキュメンタリー番組などでご覧の方も少なくないと思うが、遺体を山上に運び、これをハゲワシが食べやすいように解体して、鳥が肉を食い尽したあとの骨を埋葬するのが普通であるという。しかし、富裕な階級の人々の間では、その骨もさらに砕いて肉と混ぜて綺麗にハゲワシに食べさせてしまうという。

パールーシーの人々は、あらかじめしつらえられた塔の上に遺体を置いて、ハゲワシに食べさせ、残った骨はそのまま塔の上で風化させるという。チベットでも燃料用の薪が豊富に入手できる所では火葬を行うのが普通である。

これら鳥葬は、死者の霊魂を天国に運ぶとともに、残された遺体に悪霊が憑依《ひょうい》するのを防ぐ効用があるために行われるものである。

一神教の世界では、遺体は亡骸として、そのまま土葬するのが普通であるし、ヒンズー教や仏教の世界では、火葬に付すのが普通である。考えてみればいずれも、墓地としてかなりの土地あるいは多量の燃料が必要で、現今のように六十二億もの人口が犇《ひし》めいている地球上では、相当の無駄を伴う葬儀の方式ではあるまいか。

鳥葬はその点、リサイクルのシステムに則して、実に無駄がない。未来社会での整合性に富む葬儀の方式と考えられなくもないが、こんな不遜な考えは信仰への冒瀆につながりかねない。最近は日本でも「散骨」が認められて、少しずつ行われるようになったが、すでに自治体からクレームがついたところがあった。

フランス映画の名優ジャン・ギャバンはその遺体を深海に沈めてほしいと遺言して、その通りの葬儀が行われたが、深海にハゲワシのようなスカヴェンジャーがいれば、これも結構な葬儀方式であろう。

わしらもラーメン

以前あるテレビ番組で、二十世紀の日本を代表する食事は？　というアンケート調査をやっていた。その結果、圧倒的に多かったのがインスタント・ラーメンであった。麺類は日本では奈良時代に中国から渡来して平安時代に発達した唐菓子の一種であったという。これは後にうどんに昇華してゆく。

蕎麦ももともとは米がとれにくい地域、あるいは米が食べられない階層の人々の補食、または備荒食品として用いられてきた。これが麺として細長いかたちで、すするようにして食べるようになったのは寛永年間（一六二四～四四）以降というから意外に新しい食文化である。勿論、それ以前から細長かったうどんに倣ったものであった。

中華料理系の麺類であるラーメンが多様な具と合わせて人々に好まれ、さらにそれがインスタント食品と化して一世を風靡したのも、現代人の嗜好と要求にぴったり整合したからであろう。だから、ファーストフードの本場であるアメリカ合衆国でももてはやされ、麺食につきもののズルルルーッと啜り込む音を、下品であり洋風のマナーに合わないといったタブーもいつしか崩壊し、西欧文化の中に容認されるようになってきた。これも新しい食文化の誕生である（でも、フォークで食べるので、麺は日本のものより短くなっているという)。

ところで、鳥類の中にも麺食といえそうなものがいる。ヘビを食べるのがその典型で、あまり長くはないが、ミミズを食べる中型小型の鳥類もこれになぞらえることができる。ウナギは蛇型であるが、体の表面がヌルヌルした粘液で覆われているので、プラスチックでできたような鳥類の嘴では扱いにくいらしい。魚食専門のウ(鵜)でさえこれを食べるのに難儀をするから、鵜難儀、すなわちウナギであるという話があるが、この話はあまりに出来過ぎている。

外国にはヘビクイワシという猛禽がいて、ヘビを好んで食べるので毒蛇の駆除に貢献している。日本の猛禽で蛇食オンリーという種類はあまり多くなかった。サシバという水田の環境を好んで選択するカラス大の猛禽がいるが、水田につきもののカエルが大好物である。

このカエルを捕らえるとき、食物連鎖の関係でカエルを狙うヘビも捕獲して食べる。カエルを好むヘビはヤマカガシであるが、このヘビは従来無毒蛇とされていたのが、実は二種類の毒を持つことが判明した。うなじ(頸部背面)にある盲嚢から黄色い毒液を噴出し、さらに上顎の奥歯の付け根から血球を溶解する猛毒を分泌するという。人の死亡事故も起こっている。

この厄介なヘビをサシバは何の躊躇《ためら》いもなく捕まえて食べてしまうのだから、鳥界での麺類食の通人といえるであろう。

しかし、減反政策や開発で水田が姿を消していくとともにサシバも急激に減少し、すでに絶滅した地域も少なくない。

近年、私がひどく気になることに、イヌワシやクマタカそれにオオタカといった猛禽類の名門といわれる（!?）鳥たちが、その育雛の際にしきりにヘビを運んでくることがある。

これらの猛禽は、威風堂々とした風貌を具え、豪快なハンティングで体重に似つかわしい哺乳類や鳥類を捕食するのが通例であった。それが、自然の荒廃や衰退によってか、本来捕らえるべき獲物が手に入らず、やむを得ずに安易に捕獲できるヘビを捕まえるらしい。

アオダイショウやシマヘビのように相応に大きく、発見しやすく捕らえやすい環境に棲むヘビが多いのも、何となく環境の質の低下を物語っているような気がするし、さらにはファーストフード、インスタント食品めいた感じがしてならない。大人のわれわれがインスタント・ラーメンなどを、外出先でパパッと手早く食べるのはいっこう構わないであろうが、育児食が毎回、手間暇かからないインスタント・ラーメンとなると、これは問題であろう。

猛禽の育雛は、親鳥が捕らえて運んだ獲物を千切って、複数のヒナに（公平に）与えるのが望ましいのであるが、ヘビは強靭な筋肉を持つので簡単には千切れない。だから、一羽のヒナがこれを口にすると丸々呑み込まざるを得ず、多くの場合ヒナの口からヘビの尻尾が飛び出しているといった状況になる。それでもたくさんのヘビがせっせと供与されればいいが、少ない獲物を一羽のヒナが独占するとなると、発育に大きな差が生まれる。その結果、発育の良いヒナは毎回餌にありつき、発育の遅れたヒナは発育が停止状態に陥って、ついには一羽のヒナしか育たないことになる。これは種属の維持・保全に重大な結果をもたらすことになり、現実に日本の大型の猛禽は衰亡の一途を辿り、その多くが環境省による絶滅危惧種に指定されている。ワシらの麵類食はまさに世紀末的現象と見るべきで、新しい食文化の誕生と喜んではいられないと思う。

鶯餅の色

ウグイスを知らない日本人はいまい。しかし実物を見た時にこれをウグイスと判別できる人は極度に少ない。

実をいうと、ウグイスの仲間はムシクイ類といって日本では一五種類ほどいるが、それを外見だけで識別することは相当の野鳥観察家でも至難の技である。それくらい、ムシクイ類は外見や色彩が酷似しているのであるが、幸いなことにオスの囀りが全く違うので、むしろ野外でその声を聴く方が判別しやすい。

でも、今ここで話題にするのは、そのようなプロフェッショナルな水準の話ではなくて、スズメとメジロとヒヨドリが区別できるくらいの鳥に関する常識の範囲内での話である。

鶯餅という和菓子があるが、その色がウグイスに似ているというので、こう名づけられている。実際には、この鶯餅の色は本物のウグイスの体色とは似ても似つかぬ色なのである。強いて言えば、メジロに近い色で「目白餅」とネーミングした方が至当であろう。

それなのになぜ鶯餅なのであろう。

これは実物のウグイスよりも日本画の中の鶯の色になぞらえたものと思う。日本画に限らず日本の伝統文化の中では、鶯は早春に梅の花の咲く枝に止まって、「法法華経」と鳴くと相場が決まっている。

しかし、実際にウグイスの習性を見ると、決して梅の花ばかりを好んで止まるわけでなく、その囀る期間も立春のころから八月下旬まで、朝から夕方までひねもす鳴き続けるのである。

その囀りを「法法華経」と聞き做すのは、仏教文化の影響が歴然としている。仏教文化に無縁の人、例えばクリスチャンは「おお、神様っ!」と聴くし、キャンプ場の少年は、朝は「もー起きろ」、夕方は「もー寝なさいっ」と鳴くのだという(これは秀逸な聞き做しと思う)。

問題は日本文化の世界で象徴的に集約化されたウグイスが、本物とは程遠い世界で独り歩きをしてしまい、心象的な幻影として理想化された観念像となって人々の常識と化していることにある。しかも、その幻影が価値判断の基準となって、和菓子の色、早春に、梅の花枝に止まって、「法法華経」と鳴くといった教条主義的パターンに陥っていることである。さらに例証を挙げれば、婦人の美顔のためにウグイスの糞で洗面すると良いという美容術がある(これには多少科学的信憑性がある。すなわち、ウグイスに限らず鳥の糞に含まれるリン酸と尿酸に漂白作用があるからで、洗顔をつづければ色白が保証されるのは確かである。ただしウグイスでなくても十分によろしい)。そのためのウグイスの糞は飼育下で集めなければ到底需要に応じきれない。しかし今ウグイスの飼育は環境省の特別許可がなければ認められない。そこで業者は、身体の色が鶯餅の色に似ていて、朝鮮鶯の別名があるのを楯にして、大陸産のソウシチョウを飼育し、その糞を回収しては商品として売りに出しているのである。つまり羊頭狗《ようとうく》肉《にく》に等しい商いで、消費者は何事も疑うことを知らない日本人の暢気さ、雑駁さがある。これも幻の鶯に価値の原点を置くことに起因するのではないか。

日本の自然全体についてもこの思考は共通している。つまり「山紫水明にして豊かな大自然」といった日本人が日本の自然に対して抱く平均的イメージもそのひとつである。

確かに部分的には、山紫水明に残された自然があるにはある。でも現実には本来そこの自然に生息するべき野生鳥獣が激減して、まさに「沈黙の春」の状態なのである。かつては世界的にその美しさを賞賛された日本の田園景観は、今あきれかえるほど原色や不調和なデザインが氾濫して、まさに勘違いした女性の厚化粧のようにみっともなく薄汚い。

それでも旅行社のパンフレットやテレビのツアーガイドなどでは、僅かに残された美しい部分だけをあたかも全体像がそうであるかのごとく提示して、人々の描く幻の美しい日本の自然イメージをくすぐっている。

恐ろしいことは多くの日本の人々、とりわけ行政や政治家が、この幻の美しく豊かな自然を価値の原点に据えて、相も変わらぬ開発指向で残り少ない自然を破壊し続けていることである。こんなに豊かなのだから、少しぐらいは大丈夫といって……。

鶯餅はウグイスに似た色と是認しながら、本物のウグイスを見せられても判別できない我々の自然認識は、もういい加減に改めなければ危険であると思うのだが……。

Ⅳ　野生と適応

白鷺・黒鷺・白黒鷺

「烏鷺の争い」とは囲碁のことをいう。「鷺を烏といいくるめる」という諺は、本来白い鷺を真っ黒な烏と同じ（色）であるという強引なこじつけのことをいうが、いずれもサギは真っ白、カラスは真っ黒という常識が前提となっている。

ところが、この真っ白なはずのサギの中に、クロサギといって全身真っ黒なサギがいるのであるから世の中は広い。真っ黒といっても、本当に墨のように黒いのから消し炭色くらいのもの、やや青味のかかった灰色のまで、色相の変化はある。

英名をリーフ・イグレットとかリーフ・ヘロンとかいうのは、この鳥が海岸の岩礁地帯を常住の地とする習性をうまく言い当てている。

クロサギは本来孤独を好むようで、群れてもせいぜい四〜六羽くらいである。これは繁殖が終わった後の家族群の域を出ないからであろう。しかしこれには例外もあって、一九七〇年頃の冬、四〇羽ほどのクロサギが集まっている珍しい光景を観察したことがある。三浦半島の小網代湾の生簀でのことである。

クロサギは元来が黒っぽい岩礁地帯に、単独で生活するのであるから、目立たないことおびただしい。

ところが、サギという鳥は、その名前の故かどことなく詐欺的なところのある鳥で、このクロサギの中に、何と真っ白なクロサギがいるのである。名付けて「シロクロサギ」。聞いただけでも目が白黒しそうである。もっとも、シラサギの中には、大サギ、中サギ、小サギと三種類あって、その大サギの小柄なのをかつて「チュウダイサギ――中大鷺」と呼んでいたくらいだから、サギの世界ではシロクロサギくらいの呼び方は、驚くに当たらないのかも知れない。

幸いに、このシロクロサギは、沖縄県のような南の地方でないと見られない。沖縄県に行くと、海岸にはサンゴ礁が発達し平坦で広々とした海浜が多い。一見、内湾に多い干潟のように見えるが、その広々とした海岸に、点々と、純白のシロクロサギと黒いクロサギが散在するのは、のどかな亜熱帯らしい風情である。

以前、鈴木勇太郎氏の写真集で『鷺』と題する本を手にとったら、一枚の画面に、白いのと黒いのと二羽のサギが相対して写っている見事な写真があった。一瞬、クロサギの白化型（つまりシロクロサギ）と標準型（つまり黒い方）とを同じフレームに捉えたものと思ったが、この白い方のサギは、コサギだったのである。それは、足の指が鮮やかな黄色であるので、脚全体が灰緑黄色のシロクロサギとは、一見して区別ができるのである。

しかし、このコサギは、本来は内陸の水田や湖沼の水際に見られる鳥で、クロサギのように海岸に棲む鳥ではない。この全く環境選択の異なる二種が、同一画面にいるというのは、どちらかが他方を訪問したか、あるいは動物園などで強制的に同居させられたものでしかない。

コサギ

鈴木勇太郎氏の写真の撮影地は、房総半島南部の館山周辺であったが、それを見て、私はすぐに納得がいった。

これは、コサギの方が海岸へ進出したのである。しかし、それはサギ類のサミットでもあって、コサギの方が開催地のクロサギを表敬訪問したのではない。実は、コサギは、自分の生地を追われて、クロサギの領土に亡命しているのである。

可哀相に、コサギの本来の棲息環境である内陸の水田や湿地は、開発のため片っぱしから埋め立てられて破壊され、好物のドジョウやコブナやエビなども食べられなくなってしまった。かくして古里を追われたコサギは、飄々とさすらい歩いて海岸にたどりついたら偶然に、ここで養殖の生簀やカツオ漁の生餌として蓄養してあるシコイワシ（ひしこいわし――カタクチイワシ）の生簀を発見した。海は深くて背は立たないが、生簀のへりや張り綱に掴まれば何とか餌をとることはできる。少し塩辛いけれど、とにかく魚には違いない。哀れなコサギは、生まれて初めて、ツバメが電線にとまるように生簀の張り綱にしがみつき、弱って海面に鼻上げしてくる魚をついばんで食べた。

この生簀が、クロサギにとっても新装開店なったファーストフードのチェーン店よろしく、大変簡便な採食場所となった。

かくして、内陸の田園育ちのコサギと、外洋に面した岩礁育ちのクロサギとが、沖合の生簀の上で巡り合う羽目となったのである。元はといえば、人間の自然破壊がその遠因なのであるが……。

オートライクスの末裔

オートライクス（autolycus）は、ギリシア神話に登場する伝令神ヘルメスの子で、親譲りの悪知恵にかけては、当時最も狡知《こうち》に長《た》けた者として定評のあったシシュポスが飼っていた牛まで盗みとってしまうほどの豪の者であった。わが国でいえば、袴垂保輔《はかまだれやすすけ》か石川五右衛門、今風にいえばアルセーヌ・ルパンか「怪人二十面相」といったところであろう。ところが、鳥の世界にも、なかなか悪知恵に長けたのがいて、まさにオートライクスの末裔にふさわしいものがある。

動物の世界で、〝悪〟知恵を巧みに働かせて、生存に有利な生き方をする、そういう生きざまのことをオートライシズム（autolycism）と呼んでいる。動物物語の古典などにしばしば登場する「ヤドカリとイソギンチャク」、「ワニとワニチドリ」の話のような片利共生とは、またひと味違った習性を指すものである。

アフリカではごく普通に、日本でも沖縄県へ行くと見ることができるが、水牛のような大型の草食獣の背中にはアマサギという、やや小柄なシラサギが止まっていることが多い。水牛の背中にいることで外敵からの安全を保証され、上手に乗っていれば、労せずして移動することもできる。しかし、ここで最もオートライクス的なのは、水牛が歩くと、足もとからバッタやカエルのような小動物が驚いて、飛び出してくることである。それをアマサギは、拾って食べる。つまり、自ら食物を探索する手間が大幅に省けるわけで、これを調べた学者によると、牛や馬について食物を捕えるアマサギは、そうでない場合、つまり独立で食物を探すときの三分の一の労力で、二五〜五〇パーセントも多くの食物を捕えられたという。従って、水牛などについて生活する方が明らかに有利である、と言うことができるわけである。

こうしたオートトライクスの末裔どもに、知らず知らずのうちに無償の奉仕をさせられている気のいいボランティアのことを、学者はディスターバー（disturber）と呼ぶが、まさに追い出し役である。

近年は、水牛や牛のかわりに、畑を耕すトラクターや浅瀬を行くフェリーボートなどがディスターバーとして利用される例が多くなってきた。スクリューが引っかきまわした底生動物が水面に上がってくるのを拾うために、船の後を追うカモメ類、耕運機が掘り起こした土の中からヨトウムシ、ミミズなどを拾うカラス、ムクドリ、ツグミ、アマサギなど、オートトライシズムもだいぶ様変わりし、しかも近代化してきている。

ファンダーベルグという鳥の学者は、アメリカのコキアシシギが、クロエリセイタカシギの後について、逃げる小動物を捕るのを観察しているが、日本では高野伸二氏が、これに似た例を報告している。大型のホウロクシギなどが、ヤマトオサガニのようなカニを捕食するとき、嘴でバリバリ挟みつぶすので、カニの足などがもげて落ちる。それを中型のキアシシギが拾って食べるために追尾するという。

私自身も、獲物を探しているコサギに付かず離れずの距離にいたカワセミが、コサギが足で水中をかき回し魚が驚いて飛び出すのを素早く横取りするのを観察したことがある。

また、鎌倉で帰化動物として野生化したタイワンリスは、柑橘類を好み、厚さ五ミリもあるナツミカンの皮に穴をあけるが、自力では、穴をあける力のないヒヨドリが、その近くに待ちうけていて、リスの食べ終わったあと、ナツミカンの果汁をすするというオートライシズムを神奈川県立博物館の主任学芸員だった中村一恵氏が観察している。私も、鎌倉の佐助稲荷の森で、一羽のヒヨドリが、タイワンリスの近くに、付かず離れずの距離で、行動をともにしているのを目撃したが、中村さんも指摘している通り、すべてのヒヨドリがそうするのではなく、特定の個体が、このような〝悪〟知恵を身につけているらしい。

アフリカミツオシエは、ミツクイアナグマにミツバチの巣のありかを誘導して教え、アナグマがミツバチの巣をばらばらにして食べ終わるのを傍らで待っていて、後でゆっくりと巣の中の蜜蠟を食べるという。この鳥は、アナグマに会えないときは、ヒヒやヒトに対して、けたたましい叫びを上げたり、羽をひろげたりして注意をひき、ミツバチ退治に利用しようとする。この鳥の研究者、H・フリードマンは、既に二〇回以上もミツオシエの待伏せを受けて、ミツバチの巣に案内され、その距離は七〇〇メートルに達することもあったという。

オートライシズムは、食物獲得以外にもいろいろな事例がある。冬の市街地の夜、ハクセキレイがネオンの後ろ（裏）などに塒を構える例も多い。これはネオン管の熱を暖房がわりに利用しているのだ。知能の発達した鳥獣類にはしばしば見られる生活の知恵である。

とり型？　けもの型？

デズモンド・モリスの著書『マンウォッチング』（一九七七年刊）は、人間の行動を動物行動学的視点でとらえた写真集で、誠に興味津々たる本である。モリスならずとも、日常そのつもりでわが同胞《はらから》である人類の行動様式を観察するのは、いささか不謹慎だと思う後ろめたさを伴うものの、面白くて飽きることを知らない。

どなたかの随想の中で、電車の座席に座る人々が（この場合、横長の座席であるが）ラインダンスよろしく、一様に顔を同じ方向（進行方向）に向けているのは奇観である、と書いてあるのを読んだが、まさに同感である。

なぜ人々は進行方向へ顔を向けるのかというと、一種の向性（tropism）すなわち、「動物のある部分が刺激源に対し一定の方向に向かって動く」（『岩波生物学辞典』）性質によるもので、この場合は、電車の進行に伴って、窓外の風景が「後へ後へと飛んで行く」（大和田愛羅作曲、文部省唱歌「汽車」第二節）ように流れて見えるのが刺激源となっているわけである。

鳥、魚、トンボその他多くのよく動く動物は、流体に逆らって位置する向性がある。よく動くことでは、これらの動物に比べてまさに「人後に落ちない」人類も同様で、かくて人々は、ボックス型の座席であれば、まず、進行方向を向いて座り、横位置の座席であれば、首だけ進行方向を向くのである。

だから、新幹線の三人掛け座席に、進行方向に背を向けて座る人は、混んでいない限り、少ないもので、これは、生理的にも心理的にも、軽い無理を強いられるからにほかならない。

このように、動物の向性、さらには、刺激源に向かって移動しようとする走性（taxis）は、流れ以外にも、光とか、傾斜、重力、電気、音波、温度、湿度、化学物質、接触など様々な刺激源を持つものである。いずれの場合も、刺激源に向うときは正、その逆は負と呼ばれる。

その中のひとつに、ものの隅に対する向性がある。コーナー・トロピズムとでも言ったらよいと思うが、ゴキブリやネズミが、壁ぎわの隅を走りまわるのや、四角い箱に入れられたカエルが四隅のいずれかに身体を寄せるのがそれである。あるいは、隅での接触トロピズムや、隅の方が中央より一般に暗いという光に対する負の向性が働くのかも知れない。これは、結果的には、心も落ち着き、外敵から身を護るのに効果があるようだ。

ところが、鳥は、一般的に、身を隠して敵から逃れるよりも、いち早く、自在に動ける空中に飛び出して、その飛翔力にもの言わせて逃走をはかる方が多い動物である。けものの方は、隅に身を隠す方が多いようで、鳥は昼行性、けものは夜行性、鳥はネアカでけものはネクラなどと目されるのに一脈相通じるらしい。

ひと頃ＪＲの通勤電車（例えば２０１系）の座席に、横長のシートの真ん中だけ、淡い色が帯状についたものが登場したことがあった。

これがない、例えば、全体が青色一色のシート（たとえば103系の通勤電車）であると、本来七人座れる広さなのに、六人か、時には五人しか座らないことがある。大都会では、とりわけこの傾向が著しい。これを私は、日本人のヨーロッパナイズが進行した結果の、西欧型離間タイプの生活形のあらわれではないかと見立てる（「離間と向触」の章参照）ものであるが、これでは、国鉄の時代に赤字になっていたのも当然であろう。

そこに、JRの知恵者が現れて、動物行動学と動物心理学の基本の原理を採択して、前述のようにツートンカラーの座席をデザインしたようである。

これだと、少なくとも始発駅で、乗車した客の多くは、哺乳動物的原点で、まず、各座席の隅に座るであろう。しかし、おおぜいの乗客の中には、鳥類的自己顕示欲の強い、ネアカの御仁がいて、横座席の真ん中の色のついた部分に、どっかと座るであろう。

前者はコーナー・トロピズム、後者はカラー・トロピズムの原理にまんまとはまり込んだわけである。その後は、両端と真ん中の一人との間にそれぞれ二人ずつ座れて、かくして、七人掛け座席は、JRの思惑ないしは願望の通り満席となって無駄がない。

これを発想した人は、優れたマン・ウォッチャーに違いない。

ついでに言えば、最近では座席に七つの窪みをつけて着席の場を物理的に強要（!?）するタイプも現れた。座席の境目の突起部に腰掛けると生理的に愉快でない状態が生じ、と同時に適切な窪みへの着席が高いアメニティを持つというものであるが、これが快適な窪みへのトロピズムを利用したものといえるかどうかというと、なんとも微妙である。

鳥のシンナー遊び

植物の葉をくゆらせて煙を吸う習慣は、既に紀元前のヨーロッパや古代エジプトにあったという。しかし、タバコをはじめて吸ったヨーロッパ人は、一四九二年、サン・サルバドル島に上陸して、地元の人々から喫煙の儀礼を受けたコロンブスの一行であるといわれている。以来、ヨーロッパに持ちかえられたタバコは、世界中に広まって、今や、日本だけでも六万トン（平成十二年）もの葉タバコが、人々の鼻の穴から煙となって消耗されるようになった。

火を用いない動物たちにとって、火は脅威の的であり、それゆえに激しい恐怖も覚えるのであろうが、それに付随する煙を、口や鼻からパッパと出して歩く人類の喫煙は、さぞかし奇異なこととしてその目に映るであろう。

喫煙は、それをしてもしなくても、人間の基本的な生き様には全く関係ないし、今や喫煙の害の方が喧伝されて、日本でも喫煙者はだんだん肩身の狭い思いをするような状況に立ち至ってきた。

タバコは全くの嗜好品であるが、かなり強い習慣性を生じ、禁煙時には多少の禁断症状も伴うので、麻薬に似た要素がないでもない。健全な生活習慣からいえば、一種の「異嗜」の範疇に属するものではないだろうか。

健康な鳥は、夏冬を問わずよく水浴をするもので、これは健康維持や不時の危険に瞬時に対応できる態勢を整える上からも、必要不可欠な生活の営みである。水浴をしない鳥には砂浴するものがあり、ニワトリやキジがその代表である。ライチョウは雪浴をする。

スズメは、暑い時は水浴、酷寒の折は砂浴と器用に使い分けることができる鳥で、こういうのは珍しい。

水浴も砂浴も、身体の汚れを落とし、外部寄生虫を払い、羽毛の乱れをくしけずって整えるために効用があり、更には、心のたかぶりを抑え、生活に安らぎをもたらす役割も果している。人間の入浴や化粧も、多分に慰安、鎮静、リラックスの働きがあるようだが、鳥も、例えば、激しい諍いのあとに、しきりに羽づくろいをすることが多い。きっと感情のたかぶりを鎮めているのであろう。

ところが、ここに極めて異質な〝化粧〟がある。それは、水や砂のかわりにアリを用いるのである。アリ塚やアリの穴の上などに鳥がうずくまって、たくさんのアリを身体に這い上がらせ、それだけでは足りず、嘴でつまみあげた生きているアリを、羽毛の間にさしこんで、まさにアリを浴びるような仕種を繰り返すのである。鳥の学者は、これをアリ浴び、または蟻浴というが、anting を訳した言葉である。

アンティングは、アリが分泌する蟻酸によって、ハジラミやダニなどの外部寄生虫を除去するために行う、といわれているが、それにしてもその動作がいささか冷静を欠くようである。まるで狂ったように、ある意味では恍惚の境地にひたっているように我を忘れ、夢中になって、水浴や砂浴とは全く異なった表現を全身で示すのである。

生きているアリを食べるのであれば、それなりに腹の足しになる実利があろうが、これを身体に這わせて恍惚状態に陥っているのは、まさに異常である。

人間に例えれば、喫煙よりもさらに常軌を逸し、マリファナの吸飲やシンナー遊びに狂った状態に似ている。

これは、鳥が持つ、一種の異嗜ではないだろうか。蟻酸の効用を計算しつくして、外部寄生虫の除去をはかるといった冷静かつ知的な動作には見えないのである。

しかも、さらに驚くべきことには、アンティングに類似の行為として、焚き火の燠《おき》の中に身を投げかけて、その熱気に文字通り身を焦がして悶え喜ぶ鳥や、ビールやレモンジュースを用いたり、タバコをまぶしたりする鳥さえいる。カラスが銭湯の煙突のてっぺんで煙浴する様子も目撃されている。

客観的に解釈すれば、これらのいずれもが、外部寄生虫の除去に相応の効用はあろうが、これがスズメ目の鳥だけに見られるのが興味深い。スズメ目の鳥は、鳥界で最も進化が進み、繁栄し、知能も優れた一群である。日常の生活に飽きて、新しい異質な文化を求めては、このように反自然的でアブノーマルな楽しみを発見したのではないだろうか。都市文明の倦怠に倦んだ一部の芸術家が、麻薬や化学物質の力を借りて、幻想の世界に新しい芸術的創造を求めるような……。いずれにしても、基本的な日常生活には何のかかわりもない「異嗜」でしかないのであるが……。

カラスの黒白

「烏」という字は、カラスが目玉まで真っ黒なので、その位置がよくわからないから、鳥という字の中から目玉に相当する部分を書かずに出来上がった文字であるという。カラスの黒いのは世界的な常識であり、英語でもクロー（crow）というではないかと、これはなんとも出来の悪い冗談である。

その真っ黒なカラスも大昔は純白であったという。宮沢賢治の童話の中に、カラスがフクロウのために真っ黒にされたという「梟の紺屋」伝説が面白く物語られているが、似たような発想、つまりカラスは本来は真っ黒ではなかったのだ、という考え方は、西洋にもある。ギリシア神話の世界では、カラスは太陽神アポロの使者となっている。あるとき、アポロはテッサリアに住む美しい娘、コロニスを愛するようになった。そこでアポロは、このカラスを文使いと慰め役を兼ねてコロニスのところへ派遣した。

カラスは、デルフォイの神殿からアポロの土産やコロニスへのメッセージをたずさえて赴き、逆にテッサリアからはコロニスのアポロに対する愛の言葉を伝える役割を果たしていた。しかし、神があまりに多忙なために、テッサリアへの心遣いを忘れている間に、コロニスは淋しさに耐えかねて、アルカディアのイスキュスという青年と親しく語らうようになっていた。それを見たカラスが、持ち前の饒舌でアポロに報告したので、激怒したアポロは、我を忘れて「死の矢」を放ってコロニスを殺してしまった。しかし、たちまちにして悔恨の念にかられたアポロは、忠義面して余計な告げ口をしたカラスを憎み、その全身を真っ黒に変えて永久にコロニスのために、喪に服さなければならないようにしてしまった。

ところで、旧約聖書の世界で「ノアの大洪水」の際、アララトの山が見えはじめた頃、ノアが最初に方舟から放った鳥はカラスであった。しかし、このカラスは、ノアの期待に反して戻ってこなかった。その次に放したハトが、二回目に放たれた夕方、オリーヴの若葉のついた枝をくわえて戻ってきた話の方があまりにも有名なので、旧約聖書の中で一番最初に登場するカラスは、その色の黒さにもかかわらず、意外に影が薄い。

実は、船から鳥を放つのは、バビロンの航海術のひとつで、放った鳥が戻らなければ、陸地は近いと判断したらしい。ノアの方舟の前にバビロンにも洪水伝説があって、舟で逃れた賢者ウト・ナピシュテムがノアと同じようにまずカラスを放ち、次いでハトを放っている。

ここで、カラスが戻らなかった理由に、神学の世界では二つの説がある。そのひとつは、アポロのいる太陽に向かって帰っていったというのである。いまひとつは、妙に科学的で、カラスは洪水で溺れた人や動物の腐肉を食べていたという。これは、カラスの持つスカヴェンジャー（腐肉・屍肉処理者）としての性格をよく表している説であろう。現在、この聖書に登場するカラスは、レイブンと呼ばれる、カラス類のなかで最も大きいワタリガラス（大鴉とも俗称される）であるといわれている。

一方、中国では、太陽の中に三本足のカラスがいる、と昔から言い伝えてきた。これは、日の出や日没の際に、大きな太陽黒点を観察して、そう見立てたものではないだろうか。

そのカラスが、日本では、東征に向かう神倭伊波礼毘古命《かんやまといわれびこのみこと》（神武天皇）の一行を案内することになる。このカラスは八咫烏《やたがらす》と呼ばれ、日の神の使い、あるいは高木の神の使者であるとされているので、これを神学風に解釈すれば、深山の高木の梢近くに棲むというのは、まさにハシブトガラスこそ、似つかわしいと、私は勝手に解釈している。

八咫烏が神武天皇の軍勢の先導をしたというのは、北欧神話の軍神オージンが、フギンとムニンという二羽のカラスを従えて、戦いを勝利に導く伝説に似ているふしがある。鴉神と書いて、これをオウジンと読めば読めよう。神武天皇が熊野から吉野に入ったその熊野には、八咫烏を祭った熊野神社があり、少なくも中世までは、天皇家や都の貴族の信仰が厚かった。

その祭神の八咫烏は、仏教が山岳信仰と融合して牛王《ごおう》神と呼ばれるようになった。しかし、鴉神といい牛王神といい、これが北欧の軍神オージンから転訛したという説は、いささかうがち過ぎてはいまいか。

現在、八咫烏の末裔たちは、すっかり様変わりして、都心の高層ビルのてっぺんに、針金やビニールなどの新建材の巣を営んでいるが、一定以上の高さを確保して、高木の神の使者の頃からの伝統を、頑《かたく》なまでに守っていることだけは、相変わらずである。

都市のシナントロープ

近代文明は、これを都市文明に集約的に象徴することができよう。即ち、機械工業型であり、重化学産業型であり、開放生態系型であり、資源浪費型であり、情報操作型である。人々は大都会に集中し、自然は破壊されるか、著しく疎外される。

そうした過程で、多くの野生動物が次々に姿を消して行った。

都市化と野性とは、あたかも逆比例するかのようで、都市化が進めば進むほど、野性は身辺から遠ざかり、やがては都会の中では、人々のファッションか映像まがいのもの、あるいは、家畜か栽培植物しか見られなくなるかと、予測されたこともあった。

ところが、巨大都市でも、少し気をつければ、案外野生の動物たちを見ることができる。

野良犬や野良猫を、純然たる野生と見立てるには抵抗があるかも知れないが、これとても、代を経たものは、全く人間に隷属することなく、都市空間にあって独立不羈《どくりつふき》の野生生活を堅持しているのが少なくない。

ドブネズミやカラス、ドバト、スズメ、ツバメ、ムクドリなどは、全く野性そのままで、ただ、生息環境が都市の中であり、食物を人間の捨てた残飯に依存し、塒や休息場所、繁殖の場などに、人間の構築物を上手に利用しているに過ぎない。ゴキブリやハエ、チカイエカ（地下家蚊）なども同様で、これらの動物は、都会住まいの人間と同居はしているが、決して、家畜や家禽のように人間の管理下に庇護を受け、その代わり生殺与奪の権を握られているわけではない。

また、寄生動物のように、宿主である人間に生活の一切を預け、人間が死んだら一蓮托生、といった関係にあるわけでもない。つまり、人間やその文明に、うまく順応しながらも、自身の野性は断乎としてこれを譲らない、といった野生動物である。

生態学の方では、こういった野生動物をシナントロープという。

何やら北京原人を彷彿させるが、あちらの方は *Sinanthropus pekinensis*——北京の中国原人の意——である。

こちらの方は、synanthrope、これは syn,〜と共に、anthropos、ギリシア語の人類の意、とがくっついた言葉である。「常に人類と共にあって、その文明を上手に利用しながらたくましく生き続ける野生動物」とでも言ったら良いであろうか……。

だから、シナントロープは必ずしも都市に住むものとは限らない。スズメやツバメは、田園地帯でも人間と共存していたし、佐賀県下で、電柱の腕木に巣を構え、九州電力の頭痛の種になっているカササギ（農作物を失敬することも多い）なども、美事なシナントロープである。

カラス、スズメ、ドバト、ドブネズミなどは、昔から都市に跋扈していたが、近年、急速に都市の中に進出してきた野生動物がいる。ヒヨドリやムクドリ、ハクセキレイなどがその代表である。

こういった動物は、自然環境が壊されたので仕方がないから都市環境でも我慢しよう、という要素ばかりでなく、都市環境の方が、何かにつけて好都合な点が多いので、むしろ積極的に都心へ進出してきた、と見る方が良い節が多々あるようだ。

だから、以前、鳥の学者の間では、都市化鳥類とか、都市型鳥類とか呼んでいたものが、今では「都市鳥」とはっきりうたうようにして、その概念もだんだん固まってきている。

既に、都市鳥研究会という組織もできて、都市型シナントロープの究明に努力を続けているが、興味津々たる事実が、続々と解明されるようになってきた。

一般的に都市鳥は、環境選択の幅が広い、何でも食べる、適応性・順応性に富む、丈夫である、繁殖力旺盛、図々しい（人が接近したときの飛び立ち距離が短い）、知恵がある、群れ生活をするものが多い、コスモポリタン（世界中どこも同じ）が多い、耐乾性がある、汚染に強い、などの特性が見られる。

世界的に都市化が進行している現在、人間も都市文明に適応できないと、落ちこぼれてしまうのではないかと危惧されるが、そういう向きには、前述の都市鳥の特性を、自分の特技・特性として身につけるようにしたら、世界中どこの都市でも、ある種の国際人として、堂々（?）とやっていけるのではないだろうか。

野鳥の世界でも、私も都市鳥になろうかな！　という傾向が一部にあって、それをシナントロピズムと言っている。

冬のツバメ

冬に、女性のスカートと男の子の半ズボン姿は、都市文明の度合の指標になるのではないか、と私は思う。

「田舎」という言葉は、最近は差別語的ニュアンスが濃くなったと受けとめる人が多いので、環境省ばりに「自然度の高い地域」と言いかえてみよう。こういう地域の女性や子どもは、冬寒くなると、さっさと温かい長ズボンを着用する。それを「野暮」だの「カッペ」だのというのは、都市文明の思い上がりだと思うが、メガロポリスの住民で、その都市の文明度（敢えて文化度とは言わない）が高い所ほど、冬の最中でも、女性はスカートでスネを出して歩き、男の子は、これまた海水パンツまがいの半ズボンから、太腿をあらわにして歩き回って何の屈託もない。

西欧や北欧をその範とする近代都市は、冬は暖房が行き届いているので、少なくとも屋内ならば、春秋と同じ軽快な服装でも生活に支障はない。近年、巨大都市は、熱エネルギーが滞留してしまって、都心ほど気温が高い、いわゆる「熱の島《ヒート・アイランド》」現象を呈しているので、相対的に自然度の高い地域より暖かい。それに、都市生活者は、概して、高カロリーの食物を飽食できるので、生理的にも耐寒性が高い。そしてさらに、日本の場合には、先進と目される欧米の生活スタイルに近いほど、ステイタスが高くなるような、妙な錯覚があるらしく、多少の痩せ我慢をしても、女性は無理してスカートをはいて、薄着のスマートさを誇示するし、母親は、男の子に無理強いしても、半ズボンで通させるようである。

都心の名門校と言われる私立の小学校や、地方都市では、国立大学の附属小学校が、その地域のエリート校とされるほど、雪が降りしきる酷寒でも、男の子は半ズボン、女の子はスカートで通させるのが、申し合わせたように共通している。これを見ると、金持ちの子女で、暖衣飽食しているから、生理的耐寒性が高いと考える以上に、社会的、心理的要素、つまり、エリートとしてのステイタスの誇示が働いていることは明らかなようである。

ところで、ツバメはダンディな鳥と目されるが、冬の寒さに弱いため、夏鳥として、春に渡来し、秋には、暖かい南の国へ渡る候鳥（渡り鳥）であることは、周知の通りである。

そのツバメが、真冬にも見られることがある。戦前から有名なのは、浜名湖畔の越冬ツバメの群れであった。これは、戦前の国定教科書にも載り、地元の人々の手厚い庇護が与って大なるものであったとされていた。実は、この越冬ツバメは一九八四年二月七日に、最後の一羽が死んでから「ツバメのお宿」にはもう来なくなってしまった。

しかし、近年は別に、霞ヶ浦湖畔の魚介加工場や、九州の一部などに、越冬ツバメが観察されるようになっている。

越冬ツバメについて、以前、学者は、何らかの故障があって、渡り去ることができなくなった変則的な状態、と解釈していた。ところが、ツバメの生態を研究する鳥学者、内田康夫氏は、これらの越冬ツバメは、シベリアの東部や、カムチャツカ半島方面から、日本に、越冬に渡来する個体群（population）である、と言っておられる。つまり、同じ種類のツバメであるが、夏、日本へ来るツバメは、日本の冬の寒さに耐えられないので、南の国へ渡去する。

しかし、シベリアの酷寒は、とうてい耐え難いが、日本の冬くらいの寒さなら、けっこう我慢できる。つまり、ガンやハクチョウ、それにツグミなどと同じく、冬鳥として、日本へ避寒のために渡来するのが、この越冬ツバメグループで、腹の色が少し赤味がかるのが特徴であるという。

これに対して、元・山階鳥類研究所標識研究室長の吉井正《まさし》氏は、これまでの標識調査の結果からは、そのような結論を導き出すに至っていない、と言われる。吉井さんは、浜名湖、霞ヶ浦のような内水面では冬でもユスリカの発生が見られるので、日中、それを捕食すれば、冬でもやっていける。そのかわり、夜は、ひとつ塒で身体を寄せ合って、寒さに耐えているが、それが二重三重に重なり合い、団塊になってお互いの体温で、暖を取るという奇観を呈するという。ツバメは本来「離間型」なので、これは非常に珍しい生態である。

越冬ツバメの謎は、まだまだ不明な点が多い。寒い日中、颯爽と空を飛ぶ「冬の夏鳥」ツバメの姿は、何となく厳冬の都心を、スカートや半ズボン姿で闊歩する都会っ子たちを彷彿させる。

あの人たち、家に帰ったら、どうしているだろうと思っていたのだが、近頃は男の子の半ズボンの丈が膝に達するくらい長くなった（保守的な私学や大学附属小学校の制服は、以前と変わらないが）。対照的に、女子高校生のスカートは眼の遣り場に困るくらい（眼を見張る殿方もいるけれど）短くなった。これは、ファッションという不思議な現象によるものである。

始め面白うて

「鵜飼」は夏の季語にもなっている。テレビなどで見ると、賑々《にぎにぎ》しく華々しい鵜飼であるが、実際に、広い河原で独りぽつねんと立って見ていると、突如、上流の闇の中から、赤い篝火を輝かせながら、一団の鵜舟がおどろおどろしくも素早く目前を通過して、下流へと消えてしまう。まことに走馬灯の絵柄を見る思いで、とりわけ過ぎ去ったあとの寂寞《せきばく》とした感じは、何とも淋しい限りである。

　おもしろうてやがて悲しき鵜舟かな

この松尾芭蕉の句は、謡曲「鵜飼」の秘話——殺生禁断の川で鵜を使って殺された男の亡者が僧に懺悔の鵜飼を見せ、僧を泊めた功力《くりき》と、法華経の功徳で極楽に救われる——が底流となっているというが、さまざまに解釈できるようである。

ある人は、資本家を鵜匠、労働者を鵜に見立てて、搾取される立場の悲哀をかこつであろう。もっと俗な見方では、父ちゃんが鵜、母ちゃんが鵜匠で、父ちゃんが懸命に外で稼いでも、結局は母ちゃんにたぐりよせられて、稼ぎを吐き出させられてしまう、という愚痴に見立てるかも知れない。

もっと複雑なのは、時の権力におもねって、庇護を受けなければやっていけなかった鵜匠と、その生活を支える鵜。いずれも運命共同体として、寄り添い、助け合いながら、かろうじてその伝統文化を維持してきた苦渋の歴史を想うかもしれない。

さらにはその観光的堕落を嘆いて悲しむ御仁もおられよう。

別の視点では、鵜匠と水利権を争っては敗れ続けた農民の怒りがある。例えば、元禄元（一六八八）年六月、津保川の小屋名村で、鵜匠と農民が川堰をめぐって激しく争ったとき、上訴を受けた江戸幕府は、十一月に評定を下して、たとえ堰が崩れようと、破れようと、遠慮なく鵜飼をしてよろしい、と裁決したのである。

もとはといえば、宮家、将軍家、諸大名が鮎酢《あゆずし》を賞味し、引出物に用いる必要が背景にあっただけのことで、農民の生命と頼む堰の保全と、その権利は蹂躪《じゅうりん》されたのである。

今の鵜飼は、磨き上げられた伝統技術の上に、繊細な様式美を具えて極度にショウ・オフされたもので、その活動の季節性を考えたら、到底第一次産業としては成立しない。従って、時の権力に迎合し、これと上手にかかわり合わなかったら、とうの昔に消滅していたであろう。

民主主義の世の中である現在、昔のような権力へのおもねりはなくなった。しかし、形式上、長良川の鵜匠の身分は、宮内庁の式部職雑供戸《ぞうくこ》という技術補佐員（無給嘱託）の格式を持っている。

鵜飼の文化史に詳しい文化人類学者の可児《かに》弘明《ひろあき》氏によると、長良川の鵜飼のようなのは、民俗学の方でいうハレの鵜飼であって、別に、より日常的なケの鵜飼があるという。鵜飼は、古くは

『古事記』（中つ巻）にも登場しているが、いずれも単独または少人数で昼間、生業ないしは生活の足しにするために行なわれたものである。

川がきれいで魚族が豊富だった戦後しばらくまで、日本の各地にも細々と残っていたが、今は一部の観光用以外には見られなくなった。

中国の鵜飼は、多数の鵜を自由に泳がせて、魚を網に追い込むタイプのものと、鵜に呑み込ませた魚を吐き出させる長良川タイプのものがある。驚くべきことに、この鵜には手縄《たなわ》がついていない。全く自由奔放に泳ぎ潜り、魚を一杯捕えると、自発的に舟に戻ってくるか、船頭のさし出す棒にとまって、引きよせられるのである。

野生動物や家畜の馴致《じゅんち》に、特別な才腕を発揮する中国ならではの技である。しかも、こうして調教した鵜を、セットで貸与する「網元」もいる。鵜の扱いは極めて自然的なのに、それを商売にするとなるとより高次な経済機構を運用するのだから、さすがに中華を自負する国柄だけのことはある。

日本の鵜匠は、鵜に手縄はつけるが、喉の締め具合は、およそ指二本分のゆとりをとり、小さな魚は、鵜の胃袋に入っても良いようになっている。また、鵜は、家の中に置いて家族同様の扱いで大切にするので、決して、資本家が労働者を搾取するといった皮相な公式論は当てはまらない。疲れた鵜は休ませ、古参の鵜の序列を尊重し、舟べりにしかるべき止まり場を与え、新参のトレーニングには、先輩の鵜をまじえ、十五年も務めると「定年退職」して、慰労の上伊勢湾に放たれて自然に帰したり、といった大企業の職員待遇や人事管理顔負けの心遣いを惜しまない。

だから、鳥の学者は、鵜飼の鵜の方が、野生のよりも長命であるという。

日本の鵜飼は、いずれも川漁であるのに、カワウを用いず、荒海に棲むウミウを捕え、これを馴致調教して使っている。ウミウの方が、大柄で気性も荒く、良い漁をするというのがその理由らしいが、そういった思い入れがまた、哀れなのではないだろうか……。

黒いイカルスたち

アテネの工人ダイダロスの息子イカルスは、父に作ってもらった翼で空を飛んだ。本来は、ミノタウロスの迷宮から生命をかけての脱出行であったが、少年は、危機感よりも空を飛べる興奮とその快感に酔った。いつしか父の戒告を忘れて太陽に近づき過ぎ、そのため、太陽の熱で父が貼りつけてくれた鳥の羽毛をとめるロウが溶けて翼はこわれてしまい、少年は海に落ちて死んだ。

このギリシア神話の挿話は、少年の冒険を適切に描写して余すところがない。

冒険とは「危険をおかすこと（『広辞苑』）」であり、さらには「生命の危険を冒す点だ（本多勝一　一九七五年）」にその神髄がある。少くとも、失敗の恐れの多い「成功のたしかでないことをあえてすること（『広辞苑』）」といえるであろう。

子どもには、生来内発的な冒険衝動があるもので、小松左京氏はこれを、幼年段階の原探検と少年期の侵攻型探検とに区分している。この少年期の侵攻型探検は、計画的、組織的で若干の攻撃性が見え、狩猟的、戦闘的性格を持つ（小松左京　一九七二年）ので、多分に冒険的である。それだけに、安全からの脱出、進取、勇気、勇敢、反規則、社会離脱、決断的要素を伴うものである。

イカルスの飛翔は、まさにこれらの条件をすべて満たし、その上、少年は自制を失って判断を誤り、悲劇的結末を招いた。

思えば、永い歴史の中で、いかに多くの子どもたちが、危険を冒して死んでいったことであろう。今日、日本では、子どもの死亡率のトップは事故死である。

野生動物の子どもの場合も、基本的には人間の子どもと同じである。「七つの子」の章でも触れたが、英国の鳥学者D・ラック博士は、野鳥の寿命を研究して、小鳥の平均寿命が、コマドリ一・一年、スズメ一・三年、ムクドリ一・四〜一・五年と発表して、学界にセンセーションを起こした。あまりにも短いというのであるが、これは、雛鳥の死亡率が極めて高いので、平均するとかくの如く短くなってしまうのである。

ところで、カラスが賢いのは、予想以上のものがあって、有害鳥駆除の際などに当事者は、いいように翻弄されるものである。ところが、都内の某緑地で、一九七七年九月から一九七九年十月までの二年八カ月の間に、六九二羽のカラスを捕えたことがあった。

この珍しいまでの輝かしい戦果(?)の八〇パーセントは、オーストラリアン・トラップによるものであった。このわなは、簡単な原理を活かしたものである。即ち、金網で囲った立方体の天井の部分に、カラスが入れる隙間を設けたもので、カラスはこの天井の隙間から、中の食物を取ろうと、翼をつぼめて飛び降りる。しかし、出るときは、垂直上昇をしなければならないので、拡げた翼が邪魔になって、隙間をくぐり抜けることができない。ただそれだけの仕組みである。

あの賢いカラスも、この単純な仕組みが見抜けないらしい。つい最近も、二〇〇一年十二月から翌年一月にかけて、東京都が都内の公園などに一〇〇基のわなを設置して、四二一〇羽を捕獲したと朝日新聞が報じていた。

六九二羽を捕えた際、鳥の研究所にいた私は、機会があって、このわなで捕獲されたカラス五〇羽ほどを調べることができた。そうしたら、驚いたことに、つかまったのは、ほとんどがその年生まれの若鳥だったのである。

オーストラリアン・トラップが効果的なのは、夏から秋にかけてであるという。この時期は、その年生まれの一年子たちが、ようやく独り立ちできるようになる。友達同士で親の目を盗んで冒険に出たがる年代に当たる、人間でいえば小学校高学年から中学生くらい、そろそろ自我にめざめ、親の過干渉がわずらわしく、学校や社会の規範を破って、自分たちの新天地を求めては冒険を試みる年代である。それが冒険的に行動圏を拡大する時期に整合する。

反面、この連中は、「人生」に未熟で、知識も経験も乏しく、判断力も甘い。いきおい誘惑に弱く、そのくせ自意識は強いので、親や大人の戒告を聴く耳は持たない。カラスの世界でも、このような生意気盛りなのが、まんまとオーストラリアン・トラップにはまるのである。

中においしそうなご馳走があり、囮《おとり》の仲間がいる。先に入った連中が「おーい、皆こいよ！ここはいいぞ」などと呼びかければ、我も我もは当然であろう。

しかし、この五〇羽ほどの犠牲者の中に、たった二羽だけ成鳥がいた。捕われの子を救うべく身を挺して死に臨んだ母親か、あるいは、幾つになっても精神年齢の低い「父っちゃん小僧」であったか、それを調べておかなかったのが、今となっては悔やまれてならない。

鳥の凝り性

どこの世界にも凝り性な人はいるものであるが、文化が爛熟すると凝り性を発揮するゆとりを生じるものか、その凝り方にはますます拍車がかかるようである。江戸中期の平和な時代には上級武士や裕福な町人が生活のすべてに、やれ、「豆腐は白河の大豆でなければ駄目」とか、「水は調布の湧き水でなければ、茶は点《た》てられない」とか凝りに凝ったものである。だから、料理人や使い走りはその度に走り廻らなければならなかった。まさに「御馳走様」である。バブルが弾けたとはいえ、お金さえあれば叶わぬことのほとんどない現代は、まさに江戸文化の爛熟期になぞらえることが出来る時代ではなかろうか。居ながらにして日本全国、いや世界の品物が手に入るカタログ誌やインターネット・ショッピングの繁栄はそのバロメーターといえるであろう。

鳥の世界にも凝り性なのはいるもので、かつて鳥の研究所に勤務していたとき、皇居内の巣箱に巣を構えたシジュウカラが、産座といって卵を抱き温める部分にタバコのフィルターをほぐしたものばかりぎっしり敷き詰めているのを見たことがある。また、あるエナガはやはり、巣の材料に横斑プリマスロック（鶏の一種、全身にさざ波形の模様がある）の羽毛だけを選んで用い、そのために千里の道を厭わず遥か谷底の鶏小屋を目指してまっしぐらに飛んで行き来するのを観察したこともある。

都心で暮らすカラスに、クリーニング屋さんから洗濯した衣類が返却されるときに用いられる針金のハンガーばかり集めて巣を拵えた例があるし、戦前の話になるが、バケツの把手ばかり集めて東京・日本橋で巣を作ったカラスが、写真とともに報告されたことがあった。

いずれも一羽一個体がなせる技であるので、これはまさにマニアックな凝り性といってよかろう。

この凝り性が彼らの生活に何らかの利益をもたらすのであれば、大いに結構である。たとえば前記のシジュウカラの場合、タバコのヤニで黄色く染まったフィルターのほぐした繊維で産座を敷き詰めれば、羽虱や羽ダニの防除には確かに役立つであろう。しかし、横斑プリマスロックの羽毛でなくても、少くとも鶏の羽毛でさえあれば巣の材料としての条件は充分満たされるであろう。さらにはハンガーの針金やバケツの把手の巣材に至っては、どんなメリットがあるのかよく判らない。おそらくは、それを懸命に集めたカラス本人の充足感だけが最高のメリットなのであろう。

欧米の鳥好きな有閑マダム（といっては失礼な！）の間で、野鳥の繁殖期になると窓辺に彩りの美しい毛糸の屑を束ねて置き、小鳥たちがそれを巣作りに用いるのを楽しむ趣味がある。色彩感覚に富んだ野鳥のことであるから、巣材としての資質も優れた毛糸の屑は重宝がられて盛んに用いられるものである。さて、ヒナが無事に育ち終えると、この巣は放棄される。鳥の巣は人間のハウスやホームではなく、産院そのものなのである。だから赤ん坊が退院できれば、もうその鳥には御用済みである。

ご婦人たちは、こうして残されたカラフルな空巣を集めて、これをご自分のコレクションとして、その多寡と美しさを同志の間で自慢するのである。

鳥の巣の利用といえば、東洋ではコロカリアというアマツバメの一種の巣が、濃厚な唾液で固めたものであるのに着目して、これを中華料理で賞味するのがある。高価で有名な燕窩《えんか》のことである。燕窩は色の白いのが高級品で、黒い夾雑物の多いものは値段も安い。高空を高速で飛び、地上へはほとんど降りないコロカリアは、洞窟の高い天井に巣を作るが、その巣を採取する人の作業ぶりは、ボルネオ（マレーシア領）で見学したことがある。高さ二〇～三〇メートルもある石灰洞の天井に作られた巣を、竹で繋ぎ合わせた一本の棒を頼りに攀じ登って採る危険な仕事で、乱獲と危険防止のために採取に従事する人は登録され、免許を受けているという。時に無免許の密猟者が墜落して死ぬそうだが、見ていて手に汗を握る思いであった。

北欧の人々はケワタガモやコケワタガモの巣の産座が親鳥の綿毛で作られるのに着目し、これを集めて羽布団やダウンジャケットやベストを拵えた。

しかし、毛糸屑の鳥の古巣には何の実用性もない。だから（!?）日本にはまだこの趣味はない。でも、これはまた何という優雅な凝り性なのであろう。

精神一到何事か成らざらん

遺伝子の研究が進んでくると、生きものの生活は、その種類や個体が生まれてから死ぬまで、生きていくのに必要な事柄の基本は、すべてが遺伝子の中に組み込まれていて、そのプログラムの展開を限定していくことが判ってきた。動物の行動を制約ないしは方向づけるこの遺伝子の働きを本能という。だから、この本能の殻を破って新しい行動の型を作り出すのは大変な努力が必要になるわけで、こういうことが出来るのは、いきおい高等な動物に限定されてくるわけである。

人はこういう努力をともなう行為を「学習」といっている。

近年、公園の池などで野生の水鳥に食物を与えるのが、日本でもわりあい普通に見られるようになってきた。欧米の都会地では、昔から当たり前のように行われてきた習慣であるが、日本のような稲作農耕の文化に培われた国では、多くの野鳥は農業上の害鳥と位置づけられ、排除こそされ誘致を図られるなど、まず考えられないことであった。

「空の鳥に餌を与える変わり者！」この言い方は農耕民族の野鳥観をまさにいみじくも言い表している。

近代文明が巨大都市に集約されるようなパターンはまさに欧米型の文化である。そのゆえか、極度にヨーロッパナイズされた東京のようなメガロポリスでは、野鳥に餌を与える習慣が定着しつつある。

さて、餌を貰う方の水鳥たちは、毎回、労せずして食事にありつけるので、すっかり堕落して、人の顔さえ見れば、何か貰えるものと期待して集まるようになる。これがヘビやムカデであれば、そうはいくまい。鳥であるがため人々は相好崩して喜び、持参したパン屑や粟、稗《ひえ》などの雑穀を惜しみなく投与するのである。思えば鳥は幸せな動物である。

カモ類の中には、水面に浮かんだ餌を食べる表面採餌型のカモと、潜水して水底の餌を求める潜水採餌型のカモとがある。パンやビスケットなどは、投与されて暫くは水面に浮かぶので表面採餌型のカモでも充分採餌が可能である。

しかし、粟や稗などは、その重みで水中に沈んでしまうのが普通である。そうなると、潜水採餌型のカモが絶対有利である。表面採餌型のカモでも、逆立ちして首が水面に届くくらい水深が浅ければ、なんとか餌を採ることが可能である。でも、もう少し深くて水底の餌が目に見えていながら背丈が届かない場合が当然生じてくる。

このときオナガガモのような表面採餌型のカモは、深く息を吸って思い切りダイビングして水中に身を沈め、水底の餌を食べようとする。まさに食べたい一心の成せる努力である。身体が軽く、だから、表面採餌を義務（?）づけられ、その代わり飛び立つときは、その場から助走なしに軽々と舞い上がれる表面採餌型のカモである。それだけに全身を水没させて潜るのは、大変な努力が必要であろう。それが、食べたい一心の執念から発する毎回の努力によって、潜水採餌型

オナガガモのオス（右）とメス。上はカワウ。

のカモと同様、完全に水中に身を没して、水底の餌を食べることが出来るようになるのである。まさに「為せば成る為さねば成らぬ何事も……」であり、「精神一到何事か成らざらん」（朱子）である。

この様子は、プールで潜水の仕方を教わる幼児が、一大決心を顔に表して、息を深く吸い、鼻を抓んで、目を固く閉じ、「いちにのさん！」の掛け声とともにざぶりと身を沈めるのに似て、見ていてまことに可愛い。でも、カモの場合はそれが食い意地から発しているので苦笑ものである。しかし、野生の状態では、まず、こうした「学習」をする機会はないであろう。この学習の成果は、これができるカモとできないカモとでは、生存上の利益に大きな差が生まれるのは否めない。これも巨大都市の文明が生んだ徒花《あだばな》の狂い咲き現象のひとつなのであろう。

土地っ子とよそ者

仕事の関係で年中あちこちを旅して歩き、多い年には年間三〇〇日くらい出歩くこともある。したがって日本の都道府県はすべて巡り、歩き、寝泊まりしている。さらには海外に足を延ばすことも少なくない。こうして各地の「地方」を廻って歩くと、その土地固有の風土に培われた人々の顔が類型化されたある種の共通したパターンのあることが朧気《おぼろげ》ながら判ってくる。これは私のような旅烏にとっては、ひそかな楽しみのひとつである。

でも、近年のように各地にメガロポリスが発達すると、その都心や近郊には、あちこちからその巨大都市に生活の場を求めて集まる人々が混在して、その地域固有の「地方の顔」が消えるか薄らいでいくのが普通である。元来、メガロポリスそのものが没個性的であり妙に国際的である。ここに蝟集する人々は、五目御飯や「ふりかけ」の具のような構成要素でしかなく、その個性は圧殺的にまで没我的である。

ある時、海外旅行に向かう飛行機で、いかにも中間管理職的俊秀といった感じの人と隣合わせた。その着衣、身につけた小物にまったく隙がない。日本の週刊誌を見ておられたので、「失礼ですが、どちらかへご出張ですか?」と声をかけてみた。どこへ行っても「世界は一家、人類は皆兄弟」という、かつて有名であった、あのスローガンを具象化しようという根性の私である。

しかるに、意外やその隣人は、「ソーリー！　私は日本人ではありません」と鮮やかな英語で返事をされたのである。その外見からてっきり日本人だと思い込んでしまったのである。でも、これはまさに固定観念であり、ひとつの偏見でもあろう。

逆の場合もあった。メキシコシティの街なかをリラックスした恰好で歩いていた私に、通りすがりのメキシコの人が、道を聞いてきたのである。メキシコにはインディオの人々とスペイン系の人々との混血が多く、その中には日本人そっくりの人が少なくない。

それらの人はまったく「隣のおじさん」といった感じの人が多くて、物凄い親近感を覚えたのだったが、これが逆に「災いして」、私をネイティヴと信じて道を聞いてきたのであろう。この場合は、向こうの人々がオッタマゲル番であった。でも間違えられた私は嬉しかった。

ところで、春めいたある日、農業を営む知人が、「今年も、ヒヨドリどもはひきあげましたよ」と教えてくれた。「ええっ、どういうこと？」と、私は思わず反問した。ヒヨドリは私の住む三浦半島ではほとんど留鳥であって一年中見られる種類である。

知人は、「冬じゅう、私の畑に居ついて、ひたすらキャベツを食害していた騒々しい一群が、ある日を境にまったく姿を消してしまうんですよ。かれらは冬期渡来する渡り鳥（冬鳥）なので、この春のきざしをきっかけに、北国に帰ったのでしょう」と説明してくれた。

この、よそ者である越冬型ヒヨドリと土地っ子である留鳥型ヒヨドリを、我々は野外で、その外見からは区別できない。

鳥の分類学者は、北海道に分布するヒヨドリを「エゾヒヨドリ（蝦夷鵯）」という亜種、すなわち地理的品種として区別し、冬期は本州の中南部に渡りをするとしているが、今のバード・ウォッチャーは、原則的に亜種の区別はしない。だから、土地っ子もよそ者も、ヒヨドリはヒヨドリ。区別しないし、外見では区別できない。

ところが、ある年、ヒヨドリによるキャベツやカリフラワーなどの冬野菜への食害があまりに酷かったので、行政当局が私に調査を依頼してきた。有害駆除のお墨付きを持ったハンターの人と一緒に歩いて、仕留めたヒヨドリを持ちかえり、解剖によってその胃の内容物を調べるのである。一回に四〇羽くらい調べたのだが、きつい仕事で徹夜の連続であった。その結果、キャベツを食害しているヒヨドリたちは、口の先から、肛門の外まで全部緑一色のキャベツの葉だけであった。弾丸が当たって地上に落ちた衝撃で、口と肛門から緑色の汁が飛び出すほど飽食しているのに、皮下脂肪の蓄積はなく、スリムな身体つきであった。

たまに異質な個体がいて、丸々と太って皮下脂肪の沈着も多く、当然体重も重い。これらの個体は申し合わせたように胃の内容物が、タチバナモドキ、トキワサンザシ、ナンテン、ノブドウ、カラスザンショウなどの木の実であって、キャベツやカリフラワーのような青菜類は全く見られなかった。

これぞ、正真正銘の土地っ子、地付きの個体群に属するヒヨドリである。

常時群れて、単食型でひたすら青菜を食べつづけなければ、餓死と紙一重という厳しい毎日を送っていたのが「よそ者」の渡り個体群であった。農家にはお気の毒きわまるが、このよそ者ヒヨドリの生活様式（この場合、食生活の貧困さ）を、メガロポリスに出稼ぎに来て、社会的ニッチ（生態的地位）が低く、喘ぎ喘ぎ日々を送る人々になぞらえて考えると、害鳥のレッテルを貼って殺しまくるのが何ともむごい行為に思えてならない。

ドバト、カラス、ノラネコのような、人間の捨てた残飯に生活を託す生きざまに比べれば、極めて真摯誠実に野生の生活様式を堅持しているのだから……。

思惑はずれ

Aさんは、脱都会を計り、かなり無理して小高い尾根の上に家を建てた。南側斜面は大きな森と孟宗竹《もうそうちく》の藪で、巨木もあり、常緑樹、夏緑樹（いわゆる落葉樹）もほどほどにまじった立派な植生であった。Aさんの土地は農地だったので、農地転用の手続きが煩わしく、また建物の建蔽率も二〇パーセントと厳しいものであったが、Aさんはこの自然的要素が気に入り、何よりも高台なので眺望の見事さに惚れこんだ。夕日はこの地域の最高峰の肩に沈み、日が没するまで座敷の壁が赤く染まるのがご自慢だった。今から四十年前の話である。

しかし、その後環境の様相は激変した。南側の森は指定緑地として保全されたが、Aさんの家の回りは、びっしり人家が立て込んで、瓦屋根から日が昇り、瓦屋根に日が沈むまでになってしまった。Aさんはしきりにぼやいた。「小学生のせがれがね、『お父さん、うちは貧乏なんだね』というので、何を今更と思いながらも『どうして？』と聞いたら、『だってご近所は、みんな二階家なのに、うちだけは平屋なんだもん』という。これにはまいった。まさにその通りなのだ」とAさんは苦笑する。

快適な田園景観を理想としてきたAさんの思惑は、この高度経済成長に伴うメガロポリス近郊の田園地帯の都市化の前に、完全に思惑はずれとなってしまった。

この頃、B氏は内湾の長い汀線が見渡せる小さな岬の一角に終の住家を建てて静かな余生を楽しもうとした。しかし、都市化に伴う人口増で、B氏の家の真ん前に三階建の小学校が出来、景観は完全に遮断され、連日とてつもない音量の校内（？）放送の暴音に苛まれることになってしまった。怒ったB氏は教育委員会を告訴して、環境権に基づく眺望権の侵害として裁判で争った。でも、四十年前では日照権くらい切実な要素でないと、どうしようもなかった。ましてや公立の小学校は公共性の高さで眺望権を上回るという見解が優先したのである。

C教授は、大学を定年でやめ、新設なったリサーチ・パーク（研究都市）に出来た研究機関に招聘《しょうへい》された。教授の部屋から富士山が真正面に見え、とりわけ入日《いりひ》が美しかった。しかし、この部屋からの景観も、隣接して無秩序に建てられた大手ゼネコンの研究所の建物に遮られ、鼠色の壁だけになってしまった。美しい景観で快適な研究の日々を、というC教授の思惑は無残にも打ち砕かれてしまった。

人生にはいろいろな思惑はずれがあるが、この三つの事例はいずれも住居にかかわる思惑はずれである。

三浦半島の南端に位置する城ヶ島は、風光明媚な上、北原白秋をはじめとする歌人、詩人、俳人の歌碑が多い。自然人文ともに優れた素材に恵まれるので、観光客や遠足で訪れる人はたいへんな人数になる。

でも、オフシーズンは自然と大海原だけが森閑と静まりかえった環境である。

島の南側のスマヒトの浜に下る痩せ尾根に生えるクロマツの林の中に、ある年の早春、ハシボソガラスが営巣した。この島に四十余年通い続ける私が見ても、珍しいことであった。早春の城ヶ島は野生の水仙の開花が名物であるが、この海岸まで足を延ばす観光客は極めて少ない。ハシボソガラスは、この静けさに安んじて巣を構えたらしい。

しかし、春休みの頃から観光客は急に増え、とくに新学期が始まると早々に首都圏の小・中学校の遠足が殺到する。カラスの巣から僅かに十数メートルの近くを、まるで養鶏場で孵化したばかりのヒヨコのような賑々《にぎにぎ》しさで学童たちが、ひっきりなしに通過するのであるから、カラスは居ても立ってもいられない。悪いことに急傾斜地の中腹に生える松の木である。地表からの高さは相応に確保したのに、結果的に、巣の位置は尾根のハイキングコースと同じ高さになってしまった。これでは地上に営巣したようなものである。

地面からの安全距離（この場合は高さ）を気にするカラスには耐えがたいことである。人間に近い環境で上手に人類文化を許容しながら逞しく生活するカラスではあるが、ハシボソガラスは、本来里山のような田園地帯で生活しつづけてきた。近縁のハシブトガラスが大都会のど真ん中で堂々と生活するのに比べると、まさにイソップ物語の「田舎の鼠と都市の鼠」の中の田舎の鼠に該当する。

連日のあまりの喧騒と人通りの激しさに、このハシボソガラスはとうとう折角の巣を放棄してしまった。爾来、この場所では全然繁殖を見ていない。

冬から早春にかけて、静かな環境だから繁殖には最適と判断したハシボソガラスの思惑は完全に外れたのである。さすがの知恵者であるカラスも、観光客の激増を予測し得なかったらしい。でも、この苦渋の体験を生かして、以後全く繁殖をしない分別を身につけたのはさすがにハシボソガラスである。

瀬戸内海航路のフェリーに営巣したツバメがあった。毎日巣が海峡を横断して移動するのには驚いたであろうが、平均時速九〇キロメートルのスピードで飛び回るツバメにとって一八〜二〇ノット（時速三三〜三八キロメートル）の連絡船のスピードだったら、充分追いつき追い越すことが可能なので、巣の位置が毎回変わるという思惑はずれも、苦にはならなかったらしい。

人には、こういう真似は出来まい。でも移動する旅芸人やサーカスに生活を宿す家族は、なんとなくこのツバメに似てはいやしないだろうか。

夜間飛行

　サン＝テグジュペリといえば、『星の王子さま』で一世を風靡した作家として有名であるが、『夜間飛行』や『南方郵便機』『戦う操縦士』など飛行機とその操縦にかかわる作品も多い。彼自身が優れたパイロットで、と言いたいところであるが、相当乱暴な操縦をしていたらしく、何回か危機的遭難をし、ついには一九四四年七月三十一日、コルシカ島の基地から偵察飛行に飛び立って行方不明になってしまった。第二次世界大戦のさなかだったので、ドイツ空軍に撃墜されたものと推察されていて、機体の残骸などに関するニュースが報じられることがある。

　しかし、こうした体験に基づいた飛翔の描写はリアリティに満ちていて、アンドレ・ジイドは、特に『夜間飛行』を激賞していた。

『夜間飛行』は、南米大陸の上空を縦横に飛び回る郵便飛行のパイロットが、猛烈な暴風に巻き込まれて視界を失い、禁をおかして三〇〇〇メートル以上の高度の雲の上に出て、月や星の輝く静かな天空を飛行しつづけるが、暴風に閉ざされた地上に降りられず、ついに燃料切れで「降下す、雲に入る」「……何も見……」（堀口大學訳）の電文を残して消息を絶つという筋書きで、パイロットの苦渋が惻々として胸を打つように描写されている。

この作品を若い時に読んだ私は、台風の目に逃避した飛行機が、その平穏な空間から逃れられないで消え去っていった、と読み取っていた。しかし実際は、アンデスを越えた巨大な暴風圏内に巻き込まれて困惑し、事後の危険を承知の上で、静かな上空に難を逃れるといった内容だったのであった。

こんな錯覚をしてしまったのは、実は私自身が、台風の目を（地上からであるが）何回か体験していることと、その目の中に紛れ込んだか、あるいは閉じ込められた異境の野鳥や大海原を飛び回る海洋鳥などが、しばしば日本の内陸で記録される事実があったからなのである。そうした事実からの思い入れが、『夜間飛行』を読んだ時の錯覚に通じたのであった。

日本に上陸する台風は、南太平洋の赤道近くで発生して、初めは北上し、やがて東北に進路を変えるのが通例である。このときに日本列島に「上陸」し、陸地を縦断することが多い。自ら求めたか、不本意であったかは知らず、この台風の目に入ってしまったミズナギドリ類や、アホウドリのような海洋鳥は、晴天、微風の台風の目の中では悠々と飛び回っていられるが、やがて内陸の複雑な地形で乱気流が生じたり、台風自身が衰微して温帯低気圧に変わったりした機会に、空腹と疲労から地上に舞い降り、人類の介護を受けることに相なる次第である。

このように普段、その土地に見られない（分布しない）珍鳥稀種が渡来し、記録されることを鳥学では「迷行」といい、その鳥を「迷鳥」という。

迷行は、必ずしも台風の目にとらわれたためだけで起こるわけではない。春秋の渡りの機会に、渡りのルートを誤ったり、他の渡り鳥の群れに追従して異常な到来をしたり、あるいは冬期の強い偏西風の影響を受けた西風に乗って日本で記録されたりすることも少なくないのである。でも、台風の襲来期に迷鳥を記録する例は多く、それも本州の、海のない内陸で、南方の海洋鳥を記録する機会が少なくないので、バード・ウォッチャーで記録マニアの人々は、台風の上陸にひそかに期待するわけである。しかし、これは結果を期待するものであって、台風の上陸を歓迎するといった不謹慎なものでは決してない。

多くの迷鳥は、相当疲労してはいるが、生きた状態で発見され、人々の手厚い介護を受けて健康を取り戻したあと、海洋鳥であれば、南に面した海岸で放たれるのが今や通例となっている。『夜間飛行』のパイロットのように、「燃料切れ」で悲惨な遭難をするしかないような飛翔は、文明の脆さを如実に示す典型であろう。今は、月面着陸と同じ機能を持った暗視野での着陸が可能なジャンボ旅客機があり、更には気象通報が高い精度で発達しているので、『夜間飛行』のような悲劇はなくなった。しかし、旅客機の遭難事故は、やはり悪天候の際の離着陸に多い。私はそこにまだ文明の脆さを垣間見る思いがするのである。

仇敵

オオタカという鷹は日本の猛禽を代表するような気品に満ちた鳥である。精悍という文字を具象化したようなハヤブサとはひと味違った高貴さが感じられる。

そのオオタカが、日本では今、環境省が発表したレッドデータブック（一九九八年）で「絶滅危惧II類——絶滅の危険が増大している種類」に指定され、「種の保存法」では希少種に指定されている。

だから、開発計画を立てたとき、その該当する地域にオオタカの生息（特に繁殖）が認められたときは、開発行為に大きな制約が課せられるので、自然保護団体にとってオオタカは、錦の御旗、いやドラマの水戸黄門の印籠のような存在となっている。「控えおろう！　これが目に入らぬか、恐れ多くもオオタカ様であるぞ」というわけであるが、現実はテレビドラマのようにいかないのが歯痒い限りである。現今、多くの開発計画は、いわゆる保護側には極秘の状態で発想され、議会の議決を経て初めて公開されるという仕組みなので、保護のための反対運動は毎回、後手後手に回って、その運動の激烈さに反して結果としては蹂躙されるのが常である。

自然は今やかけがえのない「公共的環境財」である。その開発に当たって、なぜ、自然保護団

オオタカ

体のわれわれに相談しないのか？　と当局に詰め寄っても、気骨のある役人は「あなた方に相談しなければならない法的根拠はない」と突っ張るし、中には「保護して欲しいという要求よりも、開発したいという信託のほうが絶対に多い。民主政治は多数決の原則に則るので、仕方がない」と、堂々と逃げを打つお役人もいる。保護側はここで切歯《せっし》扼腕《やくわん》して深い挫折を味わうのである。法的根拠がないのは、法が不備なのであり、開発指向が高いのは、自然環境の価値が理解されず、企業的利益が優先する民意（行政も政治も含めて）の意識の低さに起因するのであるが、現況ではそれ故に如何《いかん》ともしがたい。だから、せめてオオタカを自然保護の象徴として、これを「黄門様の印籠」にしたいのである。

でも、遅ればせながら一九九七年に国法として制定をみた「アセス法」――地方自治体の条例の方が遥かに先行し、すでに二十年近いキャリアーを持つ自治体もある――では、スクリーニングという手法で、環境保全を策する道が開かれたが、これも事業アセスの宿命で、計画アセスのように親事業をストップさせることができない。

オオタカは本来里山の鳥で、深山幽谷をその生息域とするイヌワシやクマタカより人々の日常に近い環境で生活している。そこで、最近はオオタカの方でも、都市化に影響されてか、都市文明を容認するようになってきている。例えば、食性にも、ドバトやカラスを襲って食べる事例が多く報告されるようになってきた。メガロポリスやその近郊にふんだんにいる（それ故に公害的要素の高い）ドバトやカラスをせっせと食べて、繁殖に励んでくれればまさに一挙両得である。都市鳥の身体に秘められる重金属の汚染や環境ホルモンの悪影響も考えられるが、とりあえず絶滅するよりはよしとしよう。

最近は、新幹線の線路際に塒して、毎朝、近くのカラスの塒を襲って生きのよいカラスを捕らえ、これを朝食とする極めて都会的なオオタカも観察されている。自然食主義を厳守してヘビばかり食べて、繁殖してもヒナが育たないよりかは、逞しい生きざまではあろう。

ただ、カラスはオオタカの餌でありながら、反面強力な外敵、いや天敵でもある。オオタカがカラスの集団によるモビング（威嚇攻撃）に屈し、隙を狙われては、その卵やヒナをさらわれ、繁殖が挫折させられることは多い。オオタカとカラスはまさに不倶戴天、仇敵の間柄にある。オオタカの巣に卵やヒナがいる季節は、カラスの育雛期でもある。双方が我が子のために懸命なのである。

オオタカがカラスの個体を襲って食べるのは通年にわたるが、カラスがオオタカの卵やヒナをその繁殖期に襲うのは、個体の維持、種族の維持という視点から見ると、絶対にオオタカが不利である。しかも、知恵があるカラスは共同狩猟で、一羽が親鳥を牽制しながらその隙に、もう一羽が卵やヒナをさらうのであるから、その成功率は高い。

だから、オオタカを護る人々はY字型のゴムパチンコを持ち、オオタカの巣に近づくカラスを追い払うといった努力をするのであるが、オオタカは、この善意を認識しているだろうか。

そしてまた考えてみれば、何故カラスは排除されなければならないのだろう。カラスが増えたのは、日本の現況では明らかに放埒な我々の文明の享受に問題があるのに……。

こういうのを Eco ヒイキというと私は思っているのだが。

ドバトへの偏見

日本野鳥の会神奈川支部の支部報「はばたき」三三三号（二〇〇〇年八月号）に、「度重ね、ドバトの記録をお願い」という支部の目録委員会からのコメントがあった。この支部は神奈川県下の野鳥の分布や生態にかかわる詳細な記録を集め、その件数は優に二万件を超えるという。これらのデータはコンピュータで管理され、すでに何回か県下の鳥類目録を発刊しているのだが、その中に、ドバトに関する情報がたいへん希薄である、だから、もっと積極的にドバトの記録を採ることをお願いしたい、というのが今回の「度重なるお願い」なのである。

はからずも、四〇年ほど昔、同じく日本野鳥の会の東京支部の探鳥会での一件を思い起こした。探鳥会では、終わりに「鳥あわせ」といって、各人が観察記録した野鳥の種類を挙げて、総まとめをするのが恒例である。だから初心者が一〇種類くらいしか記録できなくても、鳥あわせの結果では三〇～四〇種類の記録になることは普通である。

この日の鳥あわせの最後に私が「ドバト」と言ったら、一同がどっと哄笑した。私は、少し気色《け》《しき》ばんで、「なぜドバトを記録に入れないのか。入れるべきではないか」と言って、その要旨を縷々《るる》説明したのだった。

ドバトを記録に入れない理由について、ドバトはもともと人に飼われていたのが野生化したのであって、然るが故に野鳥ではない、と説明されてきた。しかし、もとは人に飼われていたにしても、野生化したのは昨日今日のことではない。ドバトの日本への渡来は明らかではない。恐らく仏教の渡来と同時期であろうと想像されるが、正確な記録がない。『続日本紀《しょくにほんぎ》』には、文武天皇の三年（六九九年）三月九日、河内の国（今の大阪府）の犬飼広麻呂が、白鳩を瑞祥《ずいしょう》として献上したとある。これが河内の国に住むキジバト、アオバト、カラスバト、つまりドバト以外の野生のハトのアルビノ（白化したもの）かもしれないという疑義はあるが、ドバトではないとは断定できない。円融天皇の御代（九六九〜九八四年）に行われた大放生会《ほうじょうえ》にはドバトが用いられたらしい。源頼朝が治承四（一一八〇）年八月、伊豆の石橋山で旗揚げしたとき、大庭景親に敗れて追われ、大きな樹洞に潜んで難を避けた。怪しいと睨んだ景親が、弓で樹洞を掻き回したとき、二羽の鳩が飛び出したので、それ以上の探索はせず、頼朝は九死に一生を得たと、『源平盛衰記』にある。この鳩を私はドバトと思っている。当時本州に生息するドバト以外には、前記のキジバト、アオバト、カラスバトしかおらず、いずれも樹上に生活し、カラスバトだけが樹上のほかに小さな樹洞に営巣することもあるだけである。頼朝以降の鎌倉時代に、中国から高僧無学祖元が来日したころ、鎌倉の八幡宮にはもうドバトがいたという。

明治十一（一八七八）年、日本の鳥類目録を作ったイギリス人のブラキストンとプライエルは、日本にドバトの原種であるカワラバトがいると報告した。松平頼孝という戦前の鳥類学者は海鳥に詳しい人だったが、江ノ島の洞窟に、野生のカワラバトがいると報告している。松平氏は多分

アオバト

にブラキストンらの目録に影響されていると思われるが、これらのカワラバトは、現在はドバトが野生化したものとされ、日本鳥学会が編纂する日本鳥類目録には記載されていない。これが野鳥愛好家たちが、ドバトを野鳥扱いしない大きな根拠となっているようである。

でも、ドバトよりずっと後に、日本に連れてこられて野生化したシラコバトやコジュケイ、カササギ（オナガもそれらしいといわれる）はすでに立派な野鳥として探鳥会の記録に記載されるし、首都圏ではワカケホンセイインコやソウシチョウ、ガビチョウのようなごく近年、籠抜け（飼い鳥が逃げ出して野生化する）した鳥でも、多少の注釈はつけても記録されるのが普通である。それなのに千年以上も野生的生活を送ってきたドバトを、日本の鳥扱いしないのは何たる偏見ぞ！　人種差別ならぬ鳥種差別である。

私が四〇年も以前、ドバトを記録すべきであると言ったのは、ひとつの環境認識として、こんなにたくさんいて、すでにオオタカやハヤブサの獲物となって、自然の食物連鎖の一端を占め、生態系の一員としてのニッチ（生態的地位）を確立している動物を正当に評価することが、環境社会学的に見て、あるいは環境生態学的にも重要であることを言いたかったのである。今、日本で、全く人の手で養われるハトはレースバト以外には、籠に飼われて鳴き声を楽しむチョウショウバトのような小型の種類しかいない。ドバトが人に依存する要素はかなり多いし、その度合いも高いが、今のドバトの生活ぶりは基本的には野生を堅持しているシナントロープ（人類文明依存型野生動物）に間違いはない。だから「都市鳥」といわれる新しい概念の中でも、カラス、スズメとともにその筆頭にあげられるのである。

朝霞門を出でず

多くの鳥は昼行性なので、朝、東の空がしらみ始めると、早くも塒立ちして一日の活動を開始する。同じく昼行性なのに、原則的に地上近くの屋内に起居する人類は、鳥よりも遅く活動を始めるのが普通である。だから鳥は、人間から「早起鳥」などと賞賛的に言われることが多い。でも、鳥の中にも早起きとそうでないものはいるもので、我々に身近な鳥ではカラスがずば抜けて早起きである。晴天ならおよそ日の出時刻より四〇分くらい前から塒を離れるのが普通である。山ではヒガラが、カラスと同じくらい早い。

「早起きスズメがチュンチュンチュンチュン」などと言われるスズメは宮崎尚幸氏の観察（一九六二年）によると、東京付近では、日の出の四〜五分前に塒立ちをするというから、鳥界では寝坊助の筆頭に挙げられそうである。しかも夕方の塒入りも早く、日没前にはすでに塒で落ち着いてしまう。人の世界では「早寝早起き」は健康に良いとされるが、鳥の世界では「遅寝早起き」「早寝遅起き」が通例らしい。例えば、カラスは薄明時には既に塒を離れ、夕方は「夕焼けこやけで日が暮れて」（中村雨紅）から、塒に戻るほど勤勉な鳥なのである。そしてスズメは全くこの逆をいっている。

この鳥の世界の目覚めと塒入りの傾向を「アショッフとウエーバーの法則」という。一九六二年にアショッフとウエーバーという二人の学者は、鳥類の塒立ちと塒入りについて幅広く観察し、およそ次のような法則性があることを発見した。すなわち、

1．早起きの種及び個体ほど、夕方遅くまで活動する。2．朝は夕方より暗い（低照度の）うちから活動を開始する。夜行性の鳥は夕方、朝の活動終了時より明るい（高照度の）うちに活動を開始する。3．オスはメスよりも朝早く、夕方は遅くまで活動する。4．朝は一斉に活動を開始し、夕方の活動終了は朝よりばらばらである。5．朝活動開始時の照度は季節や緯度に拘わらず活動終了時より一定である。6．朝の出発時の照度が低いほど、行動分散が限定される。

山階鳥類研究所の黒田長久博士は、これより先（一九六一年）、ムクドリが塒に帰る行動に次のような法則性を認めた。

a．曇天の日は晴天の日より帰りが早い。b．遠方から帰る群れは高空を大きな群れとなって帰り、近くからは低空を小群で帰る。c．雨や強風の日の塒へ戻るのは早く、強風の際は低空で帰る。d．帰る時の照度は、日没に対する時間が同じでも、季節によって違う。e．日没に対する塒に戻る時間は、繁殖期の抱卵・育雛期に遅く（日没後に及ぶ）、巣立ち後は早くなる。f．帰りの時刻は夏に早く、晩秋から冬に遅く、日が長くなる初春にまた遅くなる。これは採食時間の長短に関係があるらしい。g．同一方向では、遠方から戻る群れは、近くからのより早く出発する。

これらの傾向は、私が四〇年以上にわたって観察しているウミウの日行動にもほとんど当ては

まるのが妙である。

人間は原則的に昼行性なので、この法則がある程度整合するのではないかと考えてみたら、結構よく合う部分があった。例えば、「アショッフとウエーバーの法則」の1は昔の農民の「あしたに星を頂き、ゆうべに月を仰いで帰る」にぴったりである。3も夫婦では大体夫の方が遠出し、夫人の方は家の周辺で日常を送る定石に合っている。4はサラリーマンの出勤と帰宅にぴたり整合する。5も出勤時刻が限定されていると、何となくこうなるようだ。6は天候が思わしくない時、昔の人の旅立ちは一般的にこうであった。

「朝霞門を出でず、暮霞千里を行く（朝焼けは悪天候の兆しゆえ、街を出ない。夕焼けは明日の晴天を約束するので、遠出が可能だ）」という中国の諺があるが、まさにそれに該当する。

黒田の法則のaやcも心情的に何となく判る気がする。fは労働時間が一定のサラリーマンは何となくそうであるし、bとgもその立場に置かれたらいかにもさもありなんと思う。遠出をして帰るときは、飛行機や新幹線（高架が多い）を用い、近くの移動には自動車や地下鉄を使うのもbやgと整合的である。

都市や高速道路の照明のもと、夜遅くまで活動し、照明に集まる虫を捕えてヒナに与えるツバメを見ることは多い。多忙な時期に残業を余儀なくされるサラリーマンみたいである。

西欧の科学は、動物と人間とを厳然と区別し、軽々しく動物学上の法則を人間に当てはめることを慎むべきこととしているのであるが……。

あとがき

縁あって政府の外郭機関である「総合研究開発機構」の月刊誌「ＮＩＲＡ」に「文化鳥類学こぼれ話」という思わせぶりたっぷりなタイトルで、一九八五年四月から三二回にわたって連載した。執筆中からも「面白い！」と評してくださるお声があって、その後、出版しないか、というお勧めも何回かいただいたが、生来懶惰《らんだ》で、それゆえに多忙に追われる私のこと、いっかな陽の目を見るに到らなかった。

ところが新潮社が、もう少し書き足して上梓しましょうよ、と呼びかけてこられたので、本にしたのを見たいという知友の期待にお応えするべく、書き足しを続けることにした。

連載当時書いた部分は、改めて読み返すと、二〇年前と現在との時世の移り変わりの激しさに驚かされた。そこで一部には修正加筆を行なった。例えばファッションである。まるで計算尺の目盛りのようであるが、これが「終末」への加速でないことを衷心より祈っている。

引用したり参考にさせていただいた文献や論考はその出典を明示しなければならないのに、多忙と懶惰から間に合わなかったものも多い。しかしオリジナリティとプライオリティは極力明示し尊重したつもりである。モズの習性について直接御教示いただいた山岸哲《さとし》博士、カワセミのヒナの発育調整を直接御教示くださった矢野亮《まこと》主任研究官はじめ、多くの先輩諸賢の御教示、御指摘についても、この機会に篤く御礼を申し上げる次第である。輸出用カップヌードルの長さが外国人向きに短くしてあることを直接御教示いただいた日清食品の御担当と、文献の閲覧を許された㈶山階鳥類研究所資料室、カワウの現況を御教示くださった㈶日本野鳥の会研究センターにも御礼申し上げたい。

カットに、私が敬愛してやまない野鳥画の第一人者でいらした故・藪内正幸画伯の絵を載せていただけたことは、私の最高の喜びである。しかし、藪内さんの御存命のうちに上梓できたらどんなに素晴らしかったか、それだけが悔やまれてならない。杏子未亡人と御子息方の御厚情、御高配に心から御礼申し上げたい。

新潮社出版部で初めに担当して下さった中村睦さん、次いで上梓に至るまで、怠け者の私を叱咤激励したり、時に上手に「ヨイショ」して、その気を搔き立たせたりして、とにもかくにも約束の日には原稿を提出させてこられた辛島美奈さん両氏の御尽力なくば、この本が皆様のお目にとまる機会はなかったこと必定であろう。とりわけ仕上げの段階で、辛島さんには特段の御世話になった。ここに改めて記して深い感謝の意を表する次第である。

「本当に御世話になりました。ありがとうございます。」

二〇〇二年六月

柴田敏隆

主な参考文献

I
加藤尚武『環境倫理学のすすめ』丸善　一九九一年
Odum E. P.（三島次郎訳）『生態学の基礎』（上下）培風館　一九七四、七五年
大庭照代「単純な声の複雑な意味　アオバズクのさえずり」アニマ　九巻五号　一九八一年
川村多実二「雌が囀る鳥」野鳥　一三巻六号　一九四八年
樋口広芳『鳥類の繁殖戦略』（上下）東海大学出版会　一九八六年
Diamond J. M. "Further example of dual singing by southwest Pacific birds" Auk 89 (1) 1972.
Dingle H. "Migration" Oxford Univ. Press 1996.
Rorenz K.（日高敏隆訳）『ソロモンの指環』早川書房　一九六三年
Milward P.（中山理訳）『聖書の動物事典』大修館書店　一九九二年
柴田敏隆「鳥と音楽」あんさんぶる　四一六　カワイ音楽研究会　二〇〇一年
上田恵介『一夫一妻の神話』蒼樹書房　一九八七年

II
黒田長久「コミミズクの左右不相称の耳」山階鳥類研究所報告　二七号　一九六七年
Weinstein S. & Albrecht H.（青島幸男訳）『にわとりのジョナサン』勁文社　一九八三年
柴田敏隆「野鳥たちの生活　夜の森の友人達」かんぽ資金　一九号　一九七八年

III
仁部富之助『野の鳥の生態 1』大修館書店 一九七九年
Lack D. “The age of some more British Birds” British Birds 36 1943.
黒田長久「ハシブトガラスの巣立後の家族行動」山階鳥類研究所報告 三二号 一九六九年
福井晶子「被植種子散布における動植物の相互関係 ヒヨドリによる種散布」In 平凡社 一九九三年

IV
中村一恵「オートライシズム」私たちの自然 一八七号 日本鳥類保護連盟 一九七七年
中村一恵「シナントロピズム スズメをめぐって」私たちの自然 二〇八号 日本鳥類保護連盟 一九七九年
可児弘明『鵜飼 よみがえる民俗と伝承』中公新書 一九六六年
唐沢孝一『カラスはどれほど賢いか 都市鳥の適応戦略』中公新書 一九八八年
黒田長久「ムクドリの帰時行動とその影響要因について」日生態会誌 一一巻一号 一九六一年
黒田長久「ハシブトガラスの朝起と夜起」山階鳥類研究所報告 七〇・七一号 一九八六年
宮崎尚幸「雀の鳴き始め時刻と環境に関する二・三の考案」鳥 一七巻七九・八〇号 一九六二年
Aschoff J. & Weber R. “Beginn und Ende der täglichen Activität freilebender Vögel” J. für Orn. 103 (2) : 2-27 1962.

その他
池田真次郎「野生鳥獣と人間生活 自然保護施策の理論と実際」インパルス 一九七一年
山階芳麿・黒田長久「独逸における鳥類保護署の組織と活動」山階鳥類研究所報告 一二号 一九五八年
黒田長久『愛鳥譜』世界文化社 二〇〇二年

（本文中に掲示したものは省略した）

新潮選書

カラスの早《はや》起《お》き、スズメの寝《ね》坊《ぼう》　文化《ぶんか》鳥類学《ちょうるいがく》のおもしろさ

著　者……………柴田《しばた》敏隆《としたか》

発　行……………2002年7月20日
11　刷……………2016年7月10日

発行者……………佐藤隆信
発行所……………株式会社新潮社
〒162-8711 東京都新宿区矢来町71
電話　編集部 03-3266-5411
読者係 03-3266-5111
印刷所……………大日本印刷株式会社
製本所……………株式会社大進堂

乱丁・落丁本は、ご面倒ですが小社読者係宛お送り下さい。送料小社負担にてお取替えいたします。
価格はカバーに表示してあります。

ISBN978-4-10-603515-9 C0345

天才の栄光と挫折
数学者列伝

藤原正彦

天才という呼称をほしいままにした9人の数学者。きらびやかな衣の下に隠されたその生身の人間像を、同業ならではの深い理解で綴りあげた錚々たる列伝。

《新潮選書》

新 ほんとうの英語がわかる
ネイティヴに「こころ」を伝えたい

ロジャー・パルバース
上杉隼人 訳

皮肉や嫌味、擬音語や擬態語の使い方、ていねいな話し方など、ネイティヴの感情表現を身につけ、コミュニケーション能力をアップさせる画期的な学習書。

《新潮選書》

昆虫未来学
「四億年の知恵」に学ぶ

藤崎憲治

人は、虫なしでは生きられない！ 昆虫の抜群の環境適応力、優れたデザインや機能を農業・工学・医学分野に応用し、新たな未来を拓く革新的な研究成果。

《新潮選書》

自然はそんなにヤワじゃない
誤解だらけの生態系

花里孝幸

人は、かわいい動物、有益な植物はありがたがり、醜い生き物、見えない微生物を冷遇しがちだ。ご都合主義の自然観を正し、正しい生態系とは何かを説く。

《新潮選書》

森にかよう道
——知床から屋久島まで——

内山節

暮らしの森から経済の森へ——知床の原生林や白神山地のブナ林、木曾や熊野など、日本全国の森を歩きながら、日本人にとって「森とは何か」を問う。
《新潮選書》

皮膚感覚と人間のこころ

傳田光洋

意識を作り出しているのは脳だけではない——。単なる感覚器ではなく、自己と他者を区別する重要な役割を担う皮膚を通して、こころの本質に迫る最新研究！

《新潮選書》